U0852605

阅

阅读成就思想……

Read to Achieve

精进

成为职场精英的14项修炼

[英] 希瑟·汤森（Heather Townsend）
乔恩·贝克（Jon Baker） ◎ 著

冯艺平 ◎ 译

THE GO-TO EXPERT

How to grow your reputation,differentiate yourself from the competition and win new business

实战版

中国人民大学出版社
· 北京 ·

本书赞誉

The Go-To Expert

How to grow your reputation，differentiate yourself from the competition and win new business

让自己在同行中出类拔萃是每位专业人士所面临的挑战。这本书为你提供了清晰的界定、流程以及信心，让你在竞争激烈的市场中脱颖而出。

托妮·亨特，乔治·海注册会计师事务所合伙人

只是浏览目录，就已经足够让我本能地确信这是一本任何专业人士或小企业主都需要阅读的书。这本通俗易懂的书为你提供了其他网络书籍未能提供的资料：如何从你的网络中建立坚实的基础来让你一直立于不败之地。

查理·劳森，BNI 英国及爱尔兰分公司国内总监

直到阅读了本书，我才发现自己原来挺擅长的这些“专业”事情已经被别人注意到了！书中提供了很多技巧，阅读后我列出了一整页的待完成任务清单。我确信任何专业人士均可从书中获益。

卡尔·里德，丹尼斯和特恩布尔注册会计师及策略顾问公司总监

如何根据书中所述来提升个人形象，希瑟已经通过一致的言行为大家做出了表率。对于那些想沿着她的足迹去学习如何在相应的领域推销自己专业形象的人士，这本书确实是极佳的指南。

珍妮弗·霍洛韦，《英国人的个人品牌营销》作者

这本书就是为你而写的。它不仅仅是一份关于“如何做”的指南。如果你能认真领会书中的信息和智慧，你的未来将会以丰富多彩的方式展开。当然，你需要努力工作并不断进步。但如果你热爱自己的工作，这将变得很容易。

朱利安・萨姆尔海斯，职业演讲家

这本书为那些希望在商业世界获得成功的人提供了行之有效的方法和建议。在读完第 1 章之前，我已经开始把要点记录下来了。

詹姆斯・门德尔松，MSI 全球联盟主席

这是一本很优秀的专业服务人员实用指南。如果你希望在竞争激烈的法律环境中建立自己的形象和信誉——不论你是被聘用、从事自由职业或者临时工作，阅读此书都能帮你成长。

希琳・史密斯，AZRIGHTS 知识产权律师

这本书是不可缺少而且意义深刻的资源，它充满了实用理念，适用于每一位希望在职业或商业上有所发展的人，并帮助他们获得专业精英的地位。

保罗・希克曼，孟席斯公司合伙人

这本书是为有抱负的专业人士而撰写的精彩指南，它反映了我们周围不断变化的世界。仅仅成为一名扎实的从业者还不够，现在你需要凭借某项专长而被人们所熟知——如果这项专长足够独一无二的话就更好了。这不仅仅是指你的技能可以让你的职业提升到更高层次，也可能是指维持你已经赢得的业务。

彼得・吉尔曼，PRICE BAILEY 执行主席

推荐序

The Go-To Expert

How to grow your reputation, differentiate yourself from the competition and win new business

关于如何建立人际网络、发展潜在客户、应用社交媒体、改善销售及品牌管理的书籍不计其数，或许还有更多书籍是讲解关于如何掌握知识以及如何变得精通于某些事情。这些书籍的观点可分别归类为营销及内容。但针对专业服务而特别把两类观点联系起来，并介绍如何围绕专业技能来开展和经营生意的书却并不多见，本书即是其中之一。

这听起来好像没什么：某些事情的擅长程度优胜于其他人，并在此基础上开展你的业务。我们都听说过这样一句妙语——“当你制造出更好的捕鼠器，世界将开辟一条通往你家门的路”。而这句乐观的妙语也引出了几个关键问题。

第一个问题，为什么是捕鼠器？如果是捕鼠器，“更好”具体指的是什么？一个绿色的捕鼠器会是更好的吗？或者说这是否跟颜色有关？我怎样才能比别人做得更好？诸如此类的问题不断延伸，持续下去。

第二个问题，是关于大家怎样来开辟一条通往你家门口的路：他们如何得知你的家门在哪里？从哪里开始开辟那条路？甚至于他们如何得知你有一个捕鼠器？更遑论得知你这个捕鼠器是更好的？

最后，如果你有一个更好的捕鼠器，而大家发现了这一点，你将对此采取什么行动？你怎样确保捕鼠器的质量控制？如何成为世界上最出名的捕鼠器？你是否应该拓展奶酪业务？如此等等。

这似乎很简单。当然，它可能是简单的，但这并不代表它是容易的。

《精进：成为职场精英的 14 项修炼》（实战版）是希瑟·汤森和乔恩·贝克合著的一本全面而实用的书，它介绍了如何根据专业技能创建客户群或者公司。有意思的是，这本书本身就是一个绝佳的例子，它精确地传达了两位作者所述的内容：**针对细分市场并围绕一整套全面的商业构建工具来提供服务。**

一名专业人士或一家专业服务公司应该围绕着某个专业领域来发展，这似乎是很浅显的道理，其实不然。很多公司，有意或无意地围绕着市场、产品、有竞争力的市场板块、成本态势、关系、分销渠道等因素中的其中一项或几项来制定他们的策略。而专业性并非是唯一的选择，就算选择了也很容易会在执行过程中偏离轨道。

同样明显的是，当一家以专业为导向的服务公司在选择了专业性作为其策略方向时，我们觉得它自然而然地知道应该如何去做。然而，事实与直觉相反。究其原因，正如两位作者所讲述的一样，某些专业人士对市场营销敬而远之，对专业化心存顾虑，并且抗拒换个角度来看待营销内容。

不管你是个体执业者、临时雇员、自由职业者、销售人员，或者是一家任何规模的专业服务公司，本书呈现的观点是富有洞察力，并且具有激励性和说服力。它并非是一本只谈观点的书。两位作者在书中列举了大量的实例以及实用的建议和技巧，为每个阅读的人画出了清晰的指南路线！

如果你采纳了书中的建议，那你可以期待获得更进一步的品牌意识、更高的利润率和效益、更佳的信誉和销售以及更高的满意度。成为一名专业精英看似简单，实则不易，但绝对值得你为之倾尽全力。

查尔斯 · H. 格林（Charles H.Green）

畅销书《值得信赖的顾问》（*The Trusted Advisor*）合著者，

《基于信任的销售》（*Trust-Based Selling*）作者

前 言

The Go-To Expert

How to grow your reputation, differentiate yourself from the competition and win new business

为何要成为专业精英

不论是在公司内部还是外部，从你的同行中脱颖而出，是每一位专业人士都要面临的挑战。随着当今客户越来越倾向于寻求更好的服务或交易，每家公司和每位专业人士的压力也随之俱增，因为他们在证明其服务物有所值的同时，也需要为客户带来价值增长。解决这个商业难题的途径之一，就是在你所属的专业领域和公司内建立起自己作为专业精英的信誉。

成为专业精英意味着名望和地位的提升。当你取得专业精英地位，你将获得更多客户，可以从容选择你希望与之合作的对象，同时也可以为你的服务收取可观的报酬。试想哪一位专业人士不想做到这一点呢?

当工作保障不再那么稳固时，很多高级专业人士经常在短期雇佣、自由职业以及临时雇佣之间转换。不管你是否承认，当今的高级专业人士确实需要具备推销自己的能力，推销对象不仅仅是现有的客户或雇主，还包括了潜在的客户和雇主。本书将为你展示如何通过令人信服、愉悦的方法来推销自己。不论你现在处于何种职业状态，它将向你展示如何建立自己的形象和信誉，使你能够掌控自己的职业，受到职场的追捧，无需再为工作发愁。

当你建立起专业精英的名声之后，它将为你在业务拓展方面节省很多时间。那时你在市场上的信誉和形象以及你的公司本身，就足以吸引客户主动登门。根据我们的调查，专业人士在业务拓展方面，所面对的最突出的挑战，就是腾出时间来把事情做好。该书向你展示的，就是如何在较少花费时间进行业务拓展的前提下，赢取更多与你长期合作的优质客户。

社交媒体：游戏的变革者

五年前，社交媒体仍然处于初期阶段，线上网络的虚拟世界与线下面对面的现实世界之间的联系还很薄弱。在当时，要想赢得专业精英的地位，通常意味着你需要依赖于那些通往目标客户门槛上的守门人，如记者、编辑、出版商以及活动策划人等。但是，今天的情况已经发生了巨变。随着互联网和社交媒体的蓬勃发展，你完全可以跳过那些传统的“守门人”来建立你的信誉。

在销售过程中，特别对于专业服务来说，信任是非常重要的。毕竟，你不会从不信任的人手上购买贵重物品。历史上（传统上），购买者与销售者之间的信任是通过个人联系来建立的。风险越大，购买者就越希望在做出购买决定前，能与销售者有见面交流的机会。互联网已经打开另一条通道，来为买卖双方建立彼此之间的信任。通过持续关注一个人的文章内容来建立起信任已非什么新鲜事，在买卖双方彼此会面之前，买家已经开始信任对方的建议和判断。因此，相较于只依靠熟人网络建立信任渠道的人，那些热衷于为其目标市场撰写有价值内容文章的专业人士更有可能得到客户的青睐。

互联网极大程度地为赢取商机的专业人士拓展了获取业务的边界，同时也为人们提供了获取海量知识的途径。事实上，在过去的两年时间，我们得到的丰富数据远胜以往。因此，我们都有条件期待自己可以通过访问互联网来获取各种信息，到达更多地方。这就意味着当人们需要帮助时，他们更倾向于寻找专家——那些具备足够专业度、信誉度和知名度的成功精英。

通常来说，潜在客户和中介将首先与你在线接触。当你遇到一个问题，想寻求问题的答案时，你将如何应对？借助搜索引擎。在你与别人第一次见面之前你将如何做？去搜索这些人的名字。只有当你的潜在客户赞同你在线上展示的你所分享的那些有价值的内容时，他们才会主动联系你。如果他们不赞同，你也无从得知自己到底错过了与谁合作的机会。因此，具备在网络上建立良好声誉的能力，对每位专业人士来说都是至关重要的。此书将为你展示如何做到这一点，并指导你如何运用有说服力且行之有效的方法来向你的潜在客户诠释自己的能力和信誉，树立自己的个人品牌。

为何提倡专业人士致力于营销和推介自己

很多专业人士努力将他们的技术专长转化为一些可被他人理解的内容。他们能很轻松地写出以技术为导向的文章，但他们的目标客户需要的是可供参考的、简单易懂的内容。因此，结果就是，他们经常无法通过他们的营销活动来建立与目标客户的联系。

通常，很多专业人士在营销中面临的障碍是这样一个自我局限的观念：他们不能公开分享自己对于一些事情的看法。比如，"如果我分享了我如何去做某件事，或者分享了我的秘密，我的客户为何还需要我，而且我们的竞争对手就不会挑剔我的看法吗？"这些都是典型的保守观念。如果你的专长仅凭几篇博客就已被尽数道来，那么它可不算什么专长。对于很多人来说，即使你在博客中提供循序渐进的步骤来指导人们该如何做，读者也很少会及时地去执行。毕竟阅读博客内容并不能传递你的专业水平、洞察力以及能力，这些都是你本身的资历和从业多年的经验所赋予的。

很多专业人士同意这样一个观点：你应该让结果替你说话。这个观点并非总是正确的。如果专业人士能够在营销和推介自己这方面做得更好，他们需要更加自如地主动表明"这就是我能够做到的"。

通常专业人士并不善于营销和推介自己，因为他们很少主动学习这方面的内容，不知该如何去做。很多公司经常会把软性技能的培训费挪用作重点培养员工的技术技能。这种对技术技能的关注以及相应的公司商业模式，带来的后果就是其将在公司促成一种为客户工作才是员工工作第一要务的文化，当你没有任何客户工作需要处理时，业务拓展经常会被视为理所当然该做的事情，这些事情一般会指派给市场营销部或者留给业务高手。

不管你因为什么阅读这本书，如果你采纳书中的几项措施或某些观点，那你在自我营销和推介方面将会做得更加出色。这一点我们确信无疑！

我们为何撰写此书

我们擅长与专业人士合作，范围涵盖从最小型的专业机构经营者到供职于全球性大公司的人员。乔恩大多数情况下与少于 5 个合伙人的公司合作，而希瑟通常情况下与中型或大型公司中有抱负的那些或初级或成熟的合伙人合作。他们拥有强烈的渴望去建立具备一定合作规模的投资组合。从这两类不同的专业人群身上，我们留意到他们都有一种强烈的愿望，即他们都渴望成为所在公司或市场里面的专业精英，并且不愿意在现有岗位范围之外去营销和推介自己。我们观察到当我们的客户专注于自我营销并获得专业精英的地位之后，客户就会主动登门，他们的效益会得到明显改善，甚至超乎我们以及他们自己的预期。这不仅有效地吸引了类型匹配的客户，还帮助他们牢牢地掌控了自己的职业和人生。

我们研究了接触到的那些成功客户所做的事情，发现我们可以复制他们的技巧，不仅可以应用于我们自己的业务，同时也能为其他客户的业务所借鉴。这本书汇聚了我们手中众多成功客户自然而为的举措，并将其转化成一套可指导你走向成功的实用指南。

该书为谁而写

此书为专业技术人才而著，如律师、会计师、咨询师、财务顾问、培训师、工程师、调研师、建筑师、程序员、自由职业者、教练等。如果你属于其中一员，你清楚自己有时间压力，有自己的商业及职业目标需要去达成。很多此类目标也许需要你进行自我营销，为自己代言。在大学里或在你职业生涯起步阶段，并没有专门教导你如何进行自我推介和自我营销。你可以采取多种途径来帮助自己在所属领域里建立起作为专业精英的信誉，通过从事自己喜欢的工作来获取更高的报酬并吸引更优质的客户。这本书将所有的选项融汇在一起，让作为读者的你为自己选择合适的途径和工具。

本书将为你展示该如何做好以下这些事情：

- 选择、投资以及调节你所选择的利基市场；
- 以不令人反感的方式推销自己；
- 使用行之有效的方法来展示你自己以及你的创意；
- 在你的业务增长计划中夯实基础；
- 制定引人注目的议题来吸引合适的客户群；
- 通过面对面交流以及在线媒体有效地对外宣传你的个人品牌；
- 不管你在市场中经营的时间有多长，始终保持你的知识更新，提供与时俱进的产品；
- 使用各种现有的工具来建立你的档案，例如社交媒体、著书、写博客、公众演讲、研讨会以及公关活动；
- 当机会出现时，自信地拥抱它，将其转化为实实在在的生意；
- 有效地管理你的销售漏斗，专注那些值得赢取的业务；
- 组建一支围绕在你周围的团队来维系并有效服务于客户业务；
- 整合所有你从本书中学到的内容，应用到你所处的行业中，拟定并实施计划来帮助你成为专业精英。

如果你就职于一家专业机构，不论是作为合伙人还是员工，本书将：

- 提供一套简易方法来帮助你培育高度忠诚的客户，增强职业掌控力；
- 基于你已建立的客户组合，扩大合作的“馅饼”，这将帮助你晋升成为合伙人，或者提升合作的层次；
- 让你通过大型及有效益的客户组合来享受合作的成果；
- 为你展示如何把自己培养成为所在行业的一名意见领袖，为你的努力获取地位和尊敬；
- 为你展示如何成为你所在公司中的业务高手。

如果你的工作职责涉及为你的组织拓展业务，此书将：

- 为你介绍如何通过建立自己的形象和提高曝光率来增加潜在客户；
- 帮助你运用自己的形象来获得被推荐给潜在客户的机会；
- 让你把自己的网络转化为一台高效运转的营销机器。

如果你是一名自主经营的技术专家，此书将：

- 为你展示如何减少在业务拓展方面的时间，客户将会被你的声誉以及曝光度所吸引；
- 让你可以精挑细选出自己希望与之合作的理想客户；
- 将你在业务拓展上因为那些缓慢不匹配或进展缓慢的客户而带来的时间浪费最小化；
- 帮助你组建一支围绕在你周围的团队来达成你的职业或业务目标；
- 为你展示如何将自己培养成为所在行业及网络里的一名意见领袖，并为你的努力获取地位和尊敬。

如果你是一名在公司里负责业务拓展的合伙人或营销专家，此书将：

- 为你提供指导，讲解如何帮助员工组织以及实施他们在业务拓展方面所做的努力；
- 让你能够为自己的公司建立意见领袖的信誉；
- 将你的公司花费在业务拓展方面的时间和金钱最小化；
- 为你展示如何使用社交媒体来帮助你的员工快速建立起他们的形象和信誉；
- 为你提供策略以及框架来驾驭集客营销及口碑营销的力量。

下面，我们就来开启这段美妙的旅程，将我们为你精心准备的 14 项修炼一一呈现。我们相信，这本书将会给予你自信、激励、启发以及你所需的很多信息，来助你成为专业精英，以构建起富有成效而且效益显著的成功实践。

也许你觉得过程很艰难，但你并不孤单，我和你还有众多的专业人士将一起成长，分享成为专业精英的成果。我们知道你也可以单独完成这趟美好的旅程。愿你在旅程中幸运常伴。

目　录

The Go-To Expert

How to grow your reputation, differentiate yourself from the competition and win new business

The Go-To Expert

How to grow your reputation，differentiate yourself from the competition and win new business

第一部分

决定你所追求的是什么

不管媒体如何宣传，成为精英并不是一蹴而就的事情。塑造你的形象和建立声誉需要自律、努力工作以及保持专注度。了解自己成为专业精英的激励因素以及更精细化的职业定位。当你找出成为专业精英背后的那个“为什么”之后，本书将为你提供工具和技巧，让你能够切实地选择在哪一领域成为专业精英。

修炼 1

找到你的利基市场

本章摘要

- 成为专业精英的理由；
- 设定目标的重要性；
- 我们所说的利基市场究竟是什么；
- 专注于利基市场的重要性；
- 如何确定你的利基市场；
- 如何深入剖析你的利基市场。

成为专业精英，你需要迫切了解你所从事的事情以及从事它的原因，充满热情，这将促使你做出以下改变：

- 在寒冷、潮湿的冬日早起外出去拜访客户；
- 直面并克服你内心的恐惧；
- 凭借你对所从事的工作以及如何开展工作的热情，成功地向其他人推荐你所从事的工作。

> 成功最关键的要素是清楚地知道并能向众人清晰地传达你希望从你的业务、你的职业以及你的生活中获得什么。
>
> 西蒙·卓别林

你的挑战在于识别为何某些东西对你以及你将来成为专业精英如此重要。我们会在书中提供成为专业精英的精进修炼。

你渴望成为专业精英的原因是什么

必定有一个原因让你拿起这本书阅读。此时此刻，这个原因可能正深深地埋藏在你的潜意识里。是时候对你的潜意识进行探索了，去弄清楚为何成为专业精英对你来说如此重要。你会发现，不断地追问自己“为什么”，将有助于使答案清晰化。

第一问：为什么成为专业精英对我来说如此重要？

第二问：为什么第一条问题的答案对我来说如此重要？

然后依此类推。

继续追问自己这些问题，直到你得到类似如下两类答案中的一个：

- “就是因为……”
- “嗯，这对于我来说并非真的重要。”

如果你获得的是第一类答案，可以说你已经发现了自己的主要驱动力以及激励因素；如果你获得的是第二类答案，那么很有可能你得到的只是你的家庭、朋友或其他人提供给你的理由。

现实中的事例可以阐明这种提问的过程。

拉吉（Raj）想成为服务于小企业主遗嘱方面的法务专家。他问了自己一系列“为什么？”的问题。

问题 1：为何成为服务于小企业主遗嘱方面的法务专家对我来说如此重要？

我需要在自己的公司和当地一些公司里使自己有别于其他私人客户律师。

问题 2：为何我需要在自己的公司里有别于其他私人客户律师？

这样我就可以建立自己的客户群，也更易于被别人熟知。

问题 3：为何我希望拥有自己的客户群？

如此我就可以得到更多的合作机会，开启自己的事业。

问题 4：为何我希望得到更多合作机会并开启自己的事业？

因为我想通过成为合作伙伴或经营自己的事业来获得地位并希望获取经济上的回报。

问题 5：为何我想获得地位和经济上的回报？

仅仅因为……

由于问了自己这些问题，拉吉确定以小企业主遗嘱法务专家为目标来打造自己的声誉，这将成为他获取合作伙伴策略的重要组成部分。

对于你来说，成为专业精英意味着以下哪些方面呢？

- 被猎头看中并提供新的工作机会？
- 在你的公司中被认定为某个职位的下一任候选人？
- 拥有一个客户群，里面包含了你希望与之合作的客户类型？
- 做自己喜欢的事情并获取报酬？
- 定期在杂志和报纸上发表文章？
- 成为新闻记者稿件引用内容的来源或撰写文章的素材？
- 被定期邀请在活动和会议上发表演讲？
- 为自己所提供的服务收取某种程度的费用？
- 其他方面？

一旦你清楚成为专业精英对于你来说意味着什么，便可以设定有意义、可衡量的目标来达成它。

案例分析 1

凯特琳（Caitlyn）在一家以传统方式经营的招聘顾问公司从事临时人员招聘工作。她相信自己必须改变赢取业务的方式。她知道如果想成为团队里最优秀的顾问，可以重点关注那些曾呼出过的电话。她研究了客户清单以及成功配对职位的求职者，继而发现在营销专员职位配置中的成功案例数量可观。因此，她决定打响自己在营销类临时经理人职位配置方面的知名度。她为自己设定了一个目标来扩展自己的网络，结果使高级临时营销专员的人数增长了 3 倍。通过 12 个月专注于和客户建立联系，并定期为正在寻找工作的临时营销专员撰写参考文章，她的策略初见成效。她发现至少 30% 的新增业务是源于她建立的网络，而并非依靠电话传呼。在 18 个月内，她因业务方面的出色表现而获得两次晋升。

设定目标的重要性

驱动自己前进的成功人士运用目标设定来确定未来的方向，在达成目标的过程中，设定阶段性目标可以为自己提供短期激励。对目标的清晰界定让你能够确定什么是首要任务，确定是否在该事项中投入时间。

设定目标可以帮你在学习知识时有所侧重，有助于你安排好时间和资源，以便充分把握未来的机遇。通过设定定义清晰的进取目标，你就可以衡量你在这些目标上取得的成绩，并且在那些曾经被认为是枯燥乏味且毫无意义的苦差事上取得进步。在你达成目标的同时，你的自信也同样会得到提升。

有些专业人士担心，如果他们设定目标并公开自己的职业和商业抱负，周围的人——包括客户在内——会认为他们很冒失。事实上，与其他人分享你的目标是促使自己采取行动的极佳方法。

目的、阶段成果和目标三者之间的区别

目的：是你希望在将来能达成的，可以通过一些方法衡量的。

阶段成果：指的是多个分段目标。它们的达成将有助于实现你的目标。阶段成果也是可以通过特定的方法进行衡量的。

目标：它指的是你为了达成阶段成果而采取的明确且可衡量的行动。

例子

目的：在 5 年内成为技术行业内的税务专家。

阶段成果

- 在 2 年之内，我将被邀请加入该公司的技术部团队；
- 在 12 个月内，在我的客户群里将拥有 3 名技术客户；
- 在 18 个月内，我将有 1 篇文章发表在《工程与技术》（*Engineering and Technology*）杂志上。

目标

- 每个月进行头脑风暴，撰写文章向技术类媒体投稿；
- 在 1 月份之前争取让该公司技术部团队负责人成为我的导师；
- 在 4 月份之前甄别出与这些技术公司有业务联系的所有合作方，并与他们进行有效沟通，以便了解这些公司所面临的挑战。

开启成为专业精英的旅程

有时候我们发现专业人员会延迟投身于专业性研究的时间，直到他们在职业生涯或生意经营上有一定的起色。例如，他们会说“当我去到下一家公司的时候我就可以专注于……”。开启专业性研究永远没有最合适的时间，但如果你有志成为专业精英，当下就是采取行动的最佳时机。凭空想象自己希望获得什么，并不会使其成为现实。

> 千里之行始于足下。
>
> 老子

是时候确定你的目标以促使自己成为专业精英了。要使这一切具体化，你可以尝试想象一下在达成目标一刻的情景：你正在录制一段视频，在视频中，你能看到什么？你能听到什么？你的成就是什么？根据你脑海中的画面，及时写下你的目标。比如，我们其中的一个客户珍妮特（Janet），她希望成为公共部门机构的变革管理专家。她起初告诉我们，这对于她来说意味着什么：

当我被邀请在行业大会上演讲并获得更丰厚的报酬时，我知道我的目标已经达成了。我不再需要为客户是否来电而担忧，而且我很有可能需要雇用一名员工来应对客户对我的专业服务的需求。

我们要求她将这幅未来蓝图更加具象化，也就是把这些提示点转化为可衡量的目标。

于是，她将自己的蓝图转换为以下的具体目标：

- 我 80% 以上的业务将致力于帮助公共部门机构成功地管理大型的变革项目，通常会涉及新技术的引进；
- 我会创造每月 2 万英镑以上的营业收入并为我的团队雇用一名项目经理；
- 我的所有业务均来自于回头客、现有客户的推荐或者是那些读过我的博客或听过我演讲的人；
- 我的市场营销以及销售流程和系统将有效地运作，从而帮助我实现月收入超过 2 万英镑的营业收入目标。

我们所说的利基市场究竟是什么

你之所以选择阅读本书，是因为你希望能成为专业精英。那么，你希望成为哪方面的专家？表面来看，这是一个很简单的问题，但它通常也是一个很难回答的问题。本章将帮助你迈出成为专业精英路上的第一步：确定你的利基市场。

> 现在，人们对于随时可以找到一位顶尖专家的期望，推动了近年来专业化程度的不断提高。这为那些具备了定义清晰并且拥有特定专长的公司或个人带来了明显的商业优势。
>
> 李・弗雷德里克森

为何需要发现和确定你的利基市场？原因大致包括两方面因素：商业和个人。未来的你作为专业精英而获得的成功，将依赖于你对自己利基市场的投入程度。

大家经常在讨论拥有一个“利基市场”，但什么是“利基”？你需要为缺乏“利基”而焦虑吗？

字典中对于利基市场的解释如下：

- 特别符合一个人的兴趣爱好、能力以及本性的一种环境或一项活动；
- 涉及或者针对于某一小型专业群体或市场。

当我们在本书中提到“你的利基”这个字眼，我们所指的是一个能让你投放热情和技术才能以迎合某一特定群体需求的地方。缺乏利基，你在客户眼中与其他同行没有任何区别。当你为自己建立了一个利基，它将让你专注其中，最终成为专业精英。

你的利基只是你个人品牌的一部分。然而，你的利基是什么，以及你如何投资你的利基，将极大程度地影响你个人品牌的其余部分，例如：

- 你如何与外界沟通；

- 在职业环境下，你如何穿着打扮；
- 你所选择的技术，比如你选择苹果还是安卓操作系统？

案例分析 2

利昂

利昂（Leon）是一名商业导师，他致力于帮助企业家拓展业务。由于他尝试在所有商业领域里面从事各种事务，这使得他个人的商业发展潜力受到了极大的限制——显然他没有自己的利基。后来他找到了我们，通过对他的客户进行分析，我们尝试找出他喜欢与哪一类型的客户合作并取得最佳业绩。这个分析让利昂认识到，当他与高技术含量的专家，特别是 IT 方面的咨询客户合作时，他所取得的业绩是最好的。在确定并采纳了这个利基之后，利昂的营业收入翻了一番，并且在业务拓展方面投入的时间比以前减少了三分之一。

萨米

萨米（Sammy）渴望在自己就职的保险经纪人公司能晋升为总监。然而，升职的前提是，他需要向合伙人证明他有能力赢得市场。他开始着手把自己培养成为保险方面的专业精英，专门为有需求的房地产公司服务。12 个月之后，他的努力得到了回报，他建立起一个极具规模的客户群，为自己晋升总监创造了充分的条件。

专注利基市场的重要性

原因一：它有助于提高你被提及或被推荐的频率

当人们购买专业服务时，通常都希望物超所值。基于这个原因，在购买行为发生之前，购买者和销售者之间需要具备高度信任感。这意味着一个对专业服务有需求的潜在客户，倾向于在与潜在服务商进行沟通之前，听取来自于自己喜欢和信任的熟人提供的意见，基于他们的推荐来权衡购买行为。如果你有幸得以被推荐，这意味着他们信任的是你这个人，而不是信任雇用你的公司。

近年来，社交媒体飞速发展，使用频率日益增加，这使得人们能够迅速地在网上建立起一个强有力的个人品牌，并通过口碑效应快速地传达其品牌承诺。同时，社交媒体让人们能够维系一个更宽广的网络，它比基于单纯依靠面对面交流构建的网络要宽泛得多。五年前，你的社交网络中可能只有一两个人是你乐意推荐的。而今天，只需一次点击或通过搜索，就可以查找到至少五六个在你的网络圈子里被推荐过的人。你的个人品牌实力以及市场化程度决定着你是否会被别人推荐。

原因二：它有助于提升你的营销材料的有效性

当你对自己的品牌了如指掌的时候，你的营销材料也会变得更加有效。这是因为你知道：

- 在何处投放你的营销材料，以便你的利基客户能够有效读取；
- 通过正确的途径与你的受众建立起情感联系，说服他们快速采取行动，比如可以尽快联系你；
- 如何包装你的服务来优化其适配性，有效解决来自于利基市场的问题。

原因三：它对于你或者你的公司未来的发展至关重要

人们偶尔会有停滞或失控的感觉，在职场中变得迷茫。当你界定了自己的利基市场之后，一切将变得更加清晰，发展机会也将不期而至。这是因为利基在引导你思考，并指引你通过各种方式去探索以前从未全面考虑过的方方面面。

原因四：它让你能够从同行中脱颖而出

试着浏览一下任何一名会计师、律师或建筑师的个人主页，你会发现可能经常提及以下这些词语：

- 积极主动；
- 与你有着共同语言；
- 资金的价值。

当你把一名技术专家与他的竞争者做比较时，通常很难把两者区分开来。这就是为何你需要确定利基市场的原因。在 2012 年发布的《FT 有效客户顾问关系报告》中指出，40% 的专业服务购买者把“作为行业专家”列为他们心中三条最高购买原则之一，而 67% 的购买者希望与一位对自己的业务和所在市场有着深刻了解的顾问进行合作。

原因五：它让你能够根据客户的期望和需求调整你的服务，让你更轻松地把潜在购买者变成你的客户

当你确定了一个利基，你可以对你提供的服务适时地进行调整，使之更为贴近利基市场的需求、生活方式以及存在的问题。让我们用实例来说明这个观点：看看下面两段介绍，一名专业婚礼摄影师相较于一名涉猎广泛但并无特别专长的人像摄影师，你会更倾向于联系哪位摄影师来负责你的婚礼摄影？

马克 ——人像摄影师	我从事人像摄影：毕业照、家庭纪念照、活动摄影、退休照片、婴儿周岁照、婚礼摄影。有需求请联系我
汤姆——为您雕刻婚礼的美妙时光	在这个特别的日子，我们将与您并肩共度婚礼的每一个细节。在婚礼当天，从早上到深夜，我们的照相机将不间断地为您捕捉所有的精彩瞬间。拿起电话与我们一起聊聊如何能帮助您制作一本让您回味一生的精彩相册

原因六：它帮助你缔结战略联盟

最易于让专业人士赢得工作的方法是和其他提供互补服务的专业人士组成战略联盟。以凯伦为例，她是一名专注于遗嘱方面的律师，每当有复杂的资产需要出售，她乐于向她的客户推荐理查德，他是一名资产评估师。同样地，客户聘请理查德来商议财产购置或合并，理查德也会推荐凯伦来处理产权转让及准备相应的法律文书。这样的缔结联盟是双赢的，而且客户觉得自己是被转介给了一位可信赖的朋友。

原因七：它让你和你的公司能够为你们提供的服务收取更丰厚的报酬

根据以往的经验，我们都能想象，在提交了一份提案之后，担心定价是否太高（或太低）的那种煎熬。如果能有一份收费标准，让每位会计师、律师、教练或培训师都可以遵从，这样一来，情况岂不是会变得更容易吗？遗憾的是，这永远不可能成为现实。那么，是什么原因导致了收费的差别？为什么一名会计师能够收取每小时 300 英镑以上的服务费，而另一名却只能得到每小时 70 英镑呢？通常这涉及客户对于每一位会计人员为工作带来多少价值的认知。如果你已经树立了工作上的信誉，客户通常会更乐意为你的服务支付更多的报酬。

原因八：它有助于减少客户流失

如果你的客户知道并认识到你确实清楚他们的期望和需求，请用他们易于理解的交流方式进行沟通，这样客户会觉得与你合作很流畅，如此一来，他们被你的竞争对手以更低价格的替代方案吸引过去的可能性就小得多。

为何专业人士会抗拒进入利基市场

阅读完以上关于进入利基市场的八项充分理由之后，你或许会想，为何那么多专业人士会抗拒进入利基市场。一般而言，这涉及三方面的原因。

1. 你认为这将会把生意拒之门外

作为一个特定领域的专业人员，你可以通过优化营销方式来吸引客户，而这些客户是你希望与之合作并能获得财务收益以外其他回报的。那如果其他类型的客户找到你，你将如何应对？你会决定自己是否有能力服务这些客户。无需把他们拒之门外，你只是不对他们进行营销推广而已。

很多专业人士担心，如果他们进入一个利基市场，将疏远那些不属于该利基市场的现有客户。这样的担心不无道理，但请记住，你的营销活动并不是针对你的现有客户群，而是针对那些你希望争取的新客户。如果你提供了优质的甚至非凡的服务，你的现有客户可能也会关注你的利基市场。但是，要为利基市场里的客户提供恰当的服务，你难免要放弃一些已有的老客户。

2. 你担心与单一类型的顾客打交道会变得厌倦

论据通常是这样的：

- “我喜欢身为一个百事通所带来的多样性。”
- “我开办了自己的公司来获得更多样化的工作并乐在其中。如果限定了自己的市场，那么我就只能获得单一类型的客户，这意味着我的乐趣会减少很多。”
- “如果在工作中，我被分派去服务更多的客户，我就需要更广泛的专业技能来吸引经理人和合伙人为客户工作提供资源。”

这确实是非常现实的一种担忧。你的长远成功在于你是否清楚自己的期望，包括情感上的需求以及同等的（即便不是更重要的）财务上的需求。多样化来自于你所拥有的客户群，而并非取决于你选择了哪个特定的利基市场。

利基市场涉及市场营销以及形象的建立，它让你专注于建立极具吸引力的营销策略和方式，成为利基市场中客户显而易见的选择，而非那些毫无客户针对性的市场营销。这些将引导你成为所属利基市场中的专业精英。

而且在掌控了一个利基市场之后，谁又能说你不能进军另外一个或两个利基市场呢？

案例分析 3

莎拉

莎拉（Sarah）是一名专门与律师打交道的财务顾问。随着她的客户数量日益增长，她发现自己的客户中执业会计师流量很多，这些客户经常向和她打交道的律师咨询相关的问题。结果发现法律类以及其他类型的客户恰恰迎合了她的会计客户的需求。

柯蒂斯

柯蒂斯（Curtis）最初担任公司里的网络专家。只要这家公司有客户需要进行网络培训，柯蒂斯都会收到邀约。随着业务的精熟，柯蒂斯培养了自己在社交网络方面的技能，他的公司开始针对社交媒体培训和网络培训来对外销售他的服务。

在你的职业生涯初期，你确实需要广泛的技术知识。但是，当你足够优秀时，你就该着手通过专业化让自己在客户工作分配方面更具吸引力。

3. 你不知道从何入手

嘴巴上说你自己拥有一个利基市场，并不意味着现实中你就会真的致力于该利基市场并进行充分的投入，我们发现这样的情况普遍存在。请继续阅读本章其他部分内容，来了解如何发现和确定你的利基。

如何发现你的利基

发现利基的困难之处在于，识别并选择你所热爱的一个细分市场，确信该市场是充分的，能被驱动来购买你服务的，并且你能从中获得更美好的生活。举个例子说，如果你是一名建筑师，你可以下决心专攻生态住宅房屋的建设。这无疑是个十分特别的领域。但是，要考虑在你的经营中是否有足够的业务来围绕该利基去建立一个可盈利的客户群。

> 人们成为广为人知的专家是因为他们热爱自己的工作，也因为他们热衷于自己所从事的专业以及专注于那些他们希望给予帮助的人们。你无法从内容清单中学到这些东西，你必须去感受它，相信它。
>
> 索尼娅·杰弗逊

你经常听到有人说：“追随你的热情，金钱也会随之而来。”对此我并不完全认同。只有当你找到一个市场愿意为你所热衷的事情买单时，金钱才会随着你的热情到来。当人们在某一个环境、业务或团队里从事与他们特有的个性类型相匹配的工作时，他们通常都能发挥所长。

笼统的利基	具体的利基
董事会主席的执行教练 （这不是每一位执行教练都在提供的服务吗？）	零售企业董事会主席的执行教练

（续表）

笼统的利基	具体的利基
商业律师 （市场上已经有为数众多的商业律师，你怎样能让自己与其他人有所不同？）	专为快速增长的技术公司服务的商业律师
专注于城市重建工程的建筑师 （这就是市场将为之买单的那种专长类型吗？）	专注于城市重建工程中木框架房屋方面的建筑师
专注于所有者管理型企业的会计师 （这就是中型和小型的会计公司所专注的领域。）	专注于与所有者管理型金融服务企业合作的会计师

为帮助你制定一份可供选择的潜在利基清单，请先思考并找出以下问题的答案。

- 你喜欢与哪种类型的人或客户合作？
- 你公司（或者公司以外）的人会为你推荐哪些类型的客户或工作？
- 哪种类型的客户或工作与你的个性更为匹配？
- 在你过去的职业生涯中，哪些方面是你所擅长的？为什么？
- 在哪种环境下你可以得到成长？
- 是否存在一个足够大的市场，能让你从中建立一个可盈利的客户群？
- 在服务过程中，你应用过哪些技能？曾经与哪些人群或哪些客户建立互信？
- 你在哪些领域或市场中拥有一个强大而且富有影响力和支持性的网络？
- 公司希望在哪些市场保持并进一步巩固其地位？
- 你的专业技能在哪些领域存在持续增长的需求？
- 你的竞争对手在哪些领域提供的服务存在瑕疵？

提 示

对于你来说，合适的利基将是那些你可从中获得经济利益以及与其建立情感联系的细分市场。

深入调研剖析你的利基

想要深入剖析你的利基市场并确定可能的候选项，我们建议通过调研来为以下问题寻求答案。

- 在你的利基市场中，参与者都有哪些共同特征？
- 他们通常面对的挑战或问题是什么？
- 你能为他们解决什么问题？
- 他们经常与哪些公司 / 组织或个人合作或有所联系？
- 他们在网络和现实世界的哪些地方开展社交活动？
- 有哪些实例可以说明你在自己的利基市场有所作为或解决了他们面临的问题？

上述问题的答案将帮助你对自己的利基做出承诺，让你可以根据利基的需求来调整自己的服务主张（详见修炼 2），并指引你在自己的规划中该加入哪些方面的内容（详见修炼 4）。

确定你的利基市场

现在你已经根据自己的利基清单，完成了对潜在市场的调研，或许你已经准备好为自己进军利基市场做出承诺。如果你还不能确定如何在某些已经识别出来的潜在利基中进行选择，请思考你在哪个利基里是：

- 最具备热情的；
- 最具可信度的；

- 拥有最活跃和广泛网络的；
- 已获取了最具战略联盟潜力的；
- 拥有最多现有客户或老客户的；
- 想起专注于此领域时感到最激动人心的。

提 示

成为进入某个利基市场的第一人看起来似乎是很理想的。但在你踏出这一步之前，需要核实是否存在这样一个市场对你的服务有所需求。

目标强化

小 结

在你为成为专业精英而开始努力之前，你需要清楚自己做这件事情的个人激励因素。一旦你明确了自己的原因，你就可以清晰定义成为专业精英对你来说意味着什么。在你的专业精英炼成计划中，这个定义构成了设定目标的基础。

而成为专业精英的第一步就是确定你的利基，也就是你以自己的专业技能来专门服务的人群。

选择你的利基，需要考虑：

◎ 你最为人熟知的方面是哪些？

◎ 你的关系网络在哪里最活跃和最广泛？

◎ 在哪里可以通过最少的努力获得最大的战略联盟潜力？

◎ 在哪里拥有最大的现有客户群或旧有客户群？

◎ 当你想起将专注于此领域时的兴奋程度有多高？

◎ 你的公司为未来的发展确定了在哪些行业以及专业领域进行投资？

当你选择了自己的利基之后，你需要能够简明扼要地阐明，你将专注于与哪些人合作，并能为他们带来什么价值。

记住这一点，选择一个利基有助于你获取新的客户。如果你能为现有的客户提供良好的服务，那么不管他们是否属于你目前锁定的利基市场，他们通常都会继续与你合作。

行动要点

1. 请教专业人士：你计划成为专业精英，想了解他们是如何建立起自己的专业形象。聆听他们所说的内容，学习他们使用过的一些技巧或策略，并将其应用在你的实际情况中。

2. 在你的日志中定下一项任务，每三个月回顾一下自己对于专业精英的定义。它是否依旧是你想要的？是否适用于你自己和你所处的现实情况？

3. 环视你的周围，看看你所处的一般领域里有哪些类型的专长是较为普遍的。可以查看领英或咨询你的专业组织 / 机构并询问你的同事。将这些内容写在清单上，并标出哪些事项是你认为自己已经在做的。

4. 询问你信任的专业人士，并赞赏他们如何选择利基，以及其对他们的业务和职业生涯带来的影响。

5. 询问你构建的网络中的朋友、同事或者你公司中的合作伙伴，了解在未来 5 年内，顾客和市场在哪些行业、领域或专业技能上有所需求。

6. 通过成功精英练习册里面的利基选择来确定自己的利基。

7. 根据你选定的利基所属领域，在网上找出至少两个相关的权威媒体或业内大咖的博客、公众号并开始订阅关注。

The Go-To Expert

How to grow your reputation，differentiate yourself from the competition and win new business

第二部分

进行个人品牌包装

如果你准备成为专业精英，你需要在你的利基市场里拥有一个强有力的、可被快速识别并极易追溯的个人品牌。在你为营销活动（比如说建立关系网络）投入时间或金钱之前，你必须对如何打造强有力的个人品牌进行充分的思考，比如：

- 如何包装你的专业技能，使得潜在客户对你难以抗拒；
- 当你与潜在客户会面时，如何留下良好的第一印象；
- 内容在吸引和留住客户方面扮演什么样的角色；
- 如何利用博客来创建你的档案和增加曝光度。

修炼 2

如何让客户无法抗拒你的服务

本章摘要

- 要制订成功的市场营销计划，你需要对你的利基进行哪些了解；
- 确定提供何种服务；
- 如何包装你的服务；
- 如何从利基市场的同行和竞争对手中脱颖而出；
- 为客户消除风险。

明确了利基市场后，你应该已经清楚自己希望成为哪方面的专业精英，并明确了你的潜在激励因素和驱动要素。在此基础上，本章将探讨如何去包装你的服务，让你在利基市场中变得炙手可热。

> 如果你下定决心要成为专业精英，你就需要站在客户的立场上考虑：他们的痛点是什么，以及你怎样解决那些痛点。投入更多的时间与客户沟通，认真了解他们的世界，而非单方面的兜售，这将为你的投入带来更丰厚的回报。
>
> 希琳·史密斯

不管你是自己创业还是受雇于某家企业的专业人员，都需要清楚自己要为客户提供什么样的服务。本章将引导你思考你所要提供的服务以及如何展现这些服务，来使你在自己的利基市场中更具吸引力。

要制订成功的市场营销计划，你需要对利基进行哪些了解

制订市场营销计划的首要步骤是对你的利基市场进行调研。以朱莉的利基市场为例，她是一名图像顾问，是与律师和会计师合作的专业人士。尽管朱莉可以与其他诸如银行家等专业人士合作，她还是决定将自己的利基范围缩小为律师和会计师，原因是她在为法律和会计公司提供服务方面已经积累了十年的经验。

研究你的利基市场的方法：

- 阅读贸易相关的报刊、博客和文章；
- 在领英、Twitter、Facebook 和谷歌 + 等社交媒体上关注和你的利基市场相关的公司和个人；
- 参加相关的行业活动，比如研讨会；
- 访问任职于该行业里的人士，尤其是你的现有客户；
- 为该行业内的从业者或者你的利基市场里的客户创建焦点小组；
- 发放调查问卷；
- 浏览网络相关论坛；
- 浏览竞争对手的网页、博客、报告或者白皮书；
- 订阅竞争对手和利基市场的通讯简报。

确定提供何种服务

你的客户一般都会在痛点的驱动下来购买你的服务，这也是一种深层次的、情感上的而非逻辑上的原因。这似乎与我们的直觉相违背。让我们来解释一下。最初聘用你的冲动是一种情感上的冲动，继而人们会在合乎逻辑以及理性的驱动下来购买你的服务。你的调研将帮助你真正地深入剖析这些痛点，而这些将是你的利基市场想要向你购买服务的深

层次原因。这些痛点将构成你提供的客户服务的基础。你需要识别出驱动你的利基市场向你购买服务的真正痛点。

你的原声摘要

现在你已经识别出你的痛点，你需要借助一些工具来协助你对此进行沟通和交流，我们把它称之为“原声摘要”，它可以让你回顾帮助过的人以及达成的结果。在下表的空白处填写你的原声摘要。

- 我帮助过的人：________________________
- 他们面对的痛点：________________________
- 我的解决方法带来的结果：____________________

然后用一句话来提炼你的答案。下面的例子可以帮你更好地完成这个练习。

盖里（Gary）——演示技巧培训师：“我帮助销售人员成为纯熟而自信的演示者以获取更多工作。”

朱莉（Julie）——图像顾问：“我帮助女性律师和会计师在结束产假重返工作岗位后重拾自信。”

雪莉（Shirley）——税务会计师：“我帮助零售商通过支付最少的税金来最大化他们的利润。”

布莱恩（Brain）——知识产权律师：“我帮助技术公司保护他们的商业资产，并协助他们将知识产权进行商标注册和专利申请，这使得他们比竞争对手更胜一筹。”

如何包装你的服务

由于专业人士提供的服务通常会被认为是交易的商品——这些商品涉及极大的信誉和财务方面的风险——在开始的时候，大多数潜在客户更希望在零风险的情况下，小范围地试用你的服务。因此，你需要提供不同价位的差别服务，来迎合利基市场的特殊需求、偏好和预算。使用表 2-1 中的产品阶梯范例练习，可以帮助你思考将提供什么类型的服务。

表 2-1　　　　产品阶梯范例

目标客户（以及你为满足他们的需求提供的服务）	产品及服务			
	免费服务	低成本服务	符合预算的服务	增值服务
个人财富增值服务	为法律业务提供税务规划指引	财产核查；研发税的信用核查	合作伙伴的退税；财务规划服务	为法律业务提供进取的税务规划方案
接班人计划服务			个人退出计划会议；继任计划年度会议	
合规			年度账户填报及审计；公司退税事宜	
新成员的股权计划服务				公司估值以及资金进入要求

案例分析 1

西蒙·卓别林

当西蒙·卓别林（Simon Chaplin）购买那家位于彼得伯勒的公司时，它还是一家非常典型的独立会计师事务所，主要从事合规工作并提供少量商业建议。西蒙希望能让他的公司与众不同，并能在当地市场中出类拔萃。他实施了大量日后被证实是非常成功的提案，其中最成功的一项改变是进一步围绕客户提供固定的收费，这为公司带来了源源不断的咨询业务。在做出收费标准调整的 18 个月内，这些新增的服务需求使得该公司的业绩提升了 30 个百分点。在西蒙拥有该公司所有权的三年内，通过独特且以客户为中心的策略驱动，公司的员工数量增加了 1 倍，营业收入增长了 3 倍，利润提高了 4 倍。

大卫·凯耶

大卫·凯耶（David Kaye）在 1985 年于苏格兰开始了自己的法律事业。他以聘任的方式被邀请进入公司的董事会，担任法律总监和秘书职务。在任职期间，大卫意识到有很多其他规模类似的组织，希望能够自由顺畅地与值得信赖的专业法律顾问洽谈合作，同时还不需要担心沟通的时长以及为每次通话或会议付费。基于此，大卫为其客户提供的主要服务方式是“外包法律部门”。大卫发现，采取这种商业模式能够让他以类似非执行董事的身份真正地融入到客户的业务当中，为他们提供更有价值的法律建议。采取这种非传统的商业模式是大卫作为一名商业律师在职场获得成功的主要原因。

如何从利基市场的同行和竞争对手中脱颖而出

如果今天有潜在客户问你，为何他们应该购买你的服务，而不是从你的同事或竞争对手那里购买，你能简明扼要地回答这个问题吗？在此阶段，我们并不是要谈论你的一个独特销售主张，而只是要探讨潜在客户为何会选择你。

案例分析 2

约瑟夫·弗雷泽（Joseph Frasier）律师事务所专门与失去听觉或存在听力障碍的客户打交道。由于大多数律师以面对面沟通或者是电话沟通为主，所以对于此种类型的人群来说，要与律师打交道是十分困难的。因此，约瑟夫·弗雷泽针对这一市场对他的服务进行了以下调整：

- 为所有员工进行手语培训；
- 提供机会让客户通过 Skype 与律师进行沟通，无需使用电话；
- 专注于工业性失聪的个人损伤方面的理赔。

通常来说，要想做到与众不同，不在于你提供了什么服务，而是在于你如何提供服务。毕竟对于大多数专业人士来说，他们很难凭借所提供的服务本身脱颖而出。正如约瑟夫·弗雷泽的例子，你需要能够在营销信息里清楚地表达“为何要选你”。你需要考虑清楚你想为客户提供的服务细节以及提供服务的方式。

为客户消除风险

前面我们提到，购买专业性服务通常涉及购买者的风险，可能是信誉上也可能是财务上的风险。以史蒂文（Steven）为例，作为一名商业教练，他意识到很多企业主不向商业教练购买服务的原因，是他们担心商业教练也许并不能帮助他们达成目标。鉴于此，史蒂文通常会向他的客户承诺，如果不能帮助他们达成目标，或者在接受辅导后还需要参加额外辅导的，他将全额退还服务费用。

在你提供的服务中，你可以通过增加哪些细节来消除或减少这些风险呢：提供某项保障？不成功就不收费的承诺？承诺退款？还是提供一份保单？

举例说明，盖里是一名演示技巧培训师，他专门帮助销售人员成为纯熟而自信的演示者，以此为他们带来更多的销售额。同时，对于预约了“完美出击”和“为神经紧张者演示”两门课程的委托人，他提供了一项保障：如果他的委托人在完成了课后行动计划并在结束课程 12 个月之内没能将新客户转化率提升 10%，盖里将全额退还他们的课程费用。

目标强化

小　结

你提供的服务是用来帮助你的利基市场消除痛点的。痛点越深刻、越情绪化，你的利基市场向你购买服务的可能性就越大。在你所提供的服务范畴里，创新你的服务细节，就能使你从竞争对手中脱颖而出，令客户难以抗拒。

行动要点

1. 写出你的原声摘要，并在可信任的同事身上实验，听取他们的反馈，然后改进它们。

2. 当你下次参加社交网络活动时，留心听一听别人的原声摘要。哪一些与你产生了共鸣？你能从中学到什么？然后改进你的原声摘要。

3. 浏览你的竞争对手的网页和营销材料，观察他们的宣传推广策略与提供的服务、产品中有哪些方面值得借鉴，继而对自己的产品进行调整，以便对你的利基市场更具吸引力。

4. 与你的利基市场充分讨论你提供的服务和原声摘要，寻求他们的反馈，确认你是否正确识别了他们的痛点，并适时调整你的原声摘要。

修炼 3

如何留下良好的印象

本章摘要

- 你的个人营销工具箱；
- 如何正确着装；
- 社交礼仪。

你的个人营销工具箱

> 几乎所有人都能留下良好的第一印象，但是只有极少数人可以留下持久的良好印象。
>
> 桑亚·帕克

作为专业精英，你应该整合所有用于吸引新客户的元素来创建自己的个人营销工具箱。根据你的个人情况，它将包括下列清单中的内容：

- 信用陈述；
- 信用故事；
- 关系链接；
- 网页；
- 博客；
- 名片；
- 履历，包括你的作者信誉、短期及长期工作经历；

- 关于你个人及公司的单页说明；
- 信用文件；
- 专业的照片，半身证件照或工作照；
- 演讲者资料包，包括作品展示，以及关于你自己的个人简介以及演讲内容的单页文档，将在你的演讲中进行宣读；
- 社交档案——领英、Twitter、Facebook、谷歌 + 等；
- 名牌；
- 幻灯片模板、文档以及讲义；
- 宣传资料包；
- 一系列 2~3 分钟左右的视频剪辑，展示你在演讲、接受采访和在镜头前谈话等片段；
- 客户清单、客户评价和案例分享。

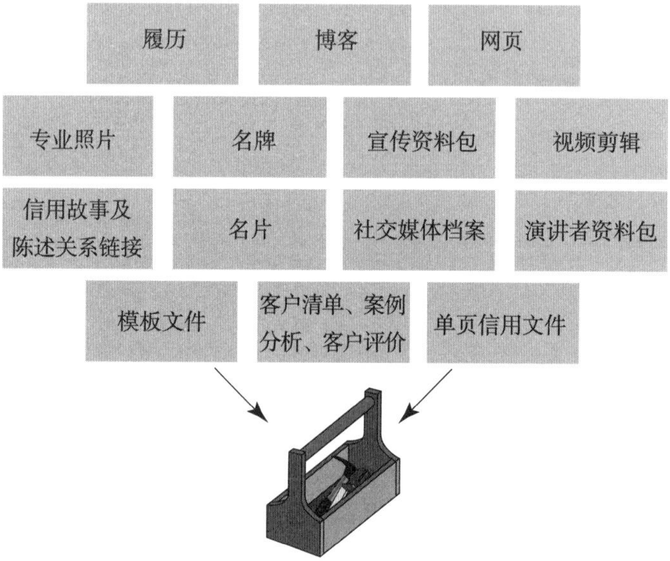

图 3-1　你的个人营销工具箱

信用陈述及故事

你可以通过陈述及故事的方式，主动帮助大家快速了解你作为一名专业精英所从事的工作。我们称之为信用陈述及故事。你的个人营销工具箱的大部分内容将基于这些方面来展开。

信用陈述在某种程度上是你作为专业精英地位的展示，它可能包括：

- 你的从业时间；
- 你持有的专业资质；
- 获得的奖项、荣誉、奖励以及专业认可；
- 你的工作经历；
- 其他人的评价，特别是行业里有影响力的人的评价；
- 你曾经阅读过的书籍和文章；
- 你的职位头衔（尤其当你是合伙人、管理合伙人或部门团队负责人）；
- 你曾经发言的会议；
- 你在电视台、广播等媒体亮相或你被采访报道过的新闻。

提 示

最佳的信用陈述，莫过于列出那些基于你所建立的形象和声誉得以被邀请去做的某些事情。比如："我两次被邀请在英国特许人事及发展机构的年度会议上发言。"

你的信用陈述一般是令人难忘的、重复的，并通常是简短的，这让你的信誉可以被快速传播，任何人都能够快速传递你的信誉。举个例子说，我们的一位客户是一名视频以及电视广播专家。当我们向别人推荐他时，经常提到他曾经为 BBC 工作 30 年之久，并且指导过一位知名的英国电视名人发言技巧。这两项简短的信用陈述足以塑造出他作为一名技术专家的能力和声誉。

这里列出了几个关于信用陈述的实例，是我们从几名专业精英的领英档案里摘录出来的。

查尔斯•格林：“谈及《值得信赖的顾问》，这是一本我撰写的书籍。”

伊恩•布罗迪（Ian Brodie）：“最近我被《顶尖销售世界》（*Top Sales World*）杂志评为‘市场营销领域的全球前 50 位思想领袖’之一，并且被 OpenView 研究所评为销售及销售管理方面‘前 25 位最有影响力的人物’之一。”

信用故事讲述你做了什么，为谁而做，以及你帮助客户获得了哪些成果。这些内容应该都是简洁的。

一个典型的信用故事首先会说明客户最初为何会聘请你，以及在聘请你之前让他们备受煎熬的痛点。然后，在提及客户通过使用你的服务而获得圆满结局之前，这个故事会引入一份简短的陈述介绍你们一起完成的工作。

下面就是一个信用故事的范例。

我的一名客户要求我开展一项供应商退出审核工作，他怀疑这家供应商欠他们一大笔款项。根据审核结果以及审核报告里的建议，我的客户最终得以追回被供应商欠下的 10 万英镑，并且让该供应商支付了我的审计费用。

这些信用故事可以应用到你的关系网络启动方案（详见修炼 5）中，也可用于建议书、简报、销售会议、个人主页、文章以及你的领英档案。它们可以帮你回答在社交网络活动中的以下几个问题：

- 生意状况如何？
- 从事什么工作？

- 目前是否与一些有趣的客户合作?
- 你的公司专注于哪些方面？

你的信用故事需要根据你要撰写的文案，或是根据你第一次约见的客户加以调整。基于这个原因，你至少需要三个信用故事来说明与你合作的客户类型以及你为他们带来的价值。

案例分析

艾德里安·詹金斯（Adrian Jenkins）是一名审计师，每当各大消费品牌疑心自己的销售代理对资金管理失当时，通常都会向他寻求帮助。他察觉到那些潜在客户通常都不愿意相信自己的代理会滥用他们的资金。因此，他整理了一系列信用故事并写入邮件发送给潜在客户，请求初次会面。在这些故事的协助下，他成功地与大部分联系过的潜在客户进行了首次会面。

关系链接

当人们与你在网上见面或线下约见，你需要提供一些关于你自己的线索来帮助别人更好地了解你。这些被称之为关系链接。每一项关于你自己的内容都是从信用陈述、信用故事以及关系链接的组合中演变而来的。

一项关系链接可能是：

- 你的简历里面的一项内容，提及的是你在工作以外的兴趣和爱好；
- 展现你个性的一些东西，比如说一段特别的话，你引用的例子或者你展示的一项陈述；
- 与你的背景相关的情况，比如你在哪里长大。

举几个我们在领英上见到过的关系链接的实例。

珍妮弗·霍洛韦（Jennifer Hollway）是《英国人的个人品牌营销》（*Personal Branding for Brits*）一书作者。她写道："在 15 年的公关和媒体关系工作经验中，我学到了一些关于推广个人品牌和管理信誉的知识。每次拿起电话与媒体沟通时我都会做这一类的事情。"

凯瑟琳·埃弗里特 - 牛顿（Katherine Everitt-Newton）是一名减压教练。她写道："作为一名教练以及企业变革推动者，我相信压力是不寻常的，它不应该成为日常工作的一部分。"

罗杰·哈蒙德（Roger Hammond）是一名会计师，专门针对家族企业和慈善企业提供咨询意见。他写道："有趣的是，我一直乐于与从事慈善事业的客户打交道，并在这一过程中成为了有资格提供建议和签署慈善账户的合作伙伴。事实上，由于我是英超联赛埃弗顿俱乐部的拥趸，有些人可能会因此说我具备慈善的品格。"

网页

大部分潜在客户期望他们的专业顾问有自己的个人网页或在其公司的网页上有与之相关的介绍甚至新闻。试想一下，当一位潜在客户在联系你之前，他们已经预先在网上查看过与你相关的资料，这比仅仅在网页目录中占据一个条目、一页领英档案或者一页 Facebook 商务页面都更有说服力，会增加潜在客户选择你的机会。

想要被认定为专业精英，必须让你的名字出现在你公司的网站上，最好可以在上面设立你的专题。

在网站构建方面的建议

如何协助你在网站上展示哪些内容并不在本书的讨论范围之内。如果你需要帮助，我们强烈推荐你阅读索尼娅·杰弗逊（Sonja

Jefferson）以及莎伦·坦顿（Sharon Tanton）合著的《有价值的内容营销》（*Valuable Content Marketing*），以及布若尼·托马斯（Bryony Thomas）撰写的《无懈可击的市场营销》（*Watertight Marketing*）。

1. 博客

如果人们觉得自己已经"认识"了你，他们会更倾向于购买你的服务。通过建立博客并经常更新内容，你就可以把认识你、喜欢你、信任你和希望与你接触的人聚集并组织起来，甚至构建一个社群。你的博客是你个人品牌的重要组成部分，它让你可以向外界展示你的信用、能力、个性以及品格。如果你的公司不允许在他们的网页上投放关于你个人的相关内容，那你可以考虑在自己的博客上向潜在客户展示你的才能。

在第 5 章，我们将详细为你讲述如何使用博客来挖掘潜在商机。

2. 名片

名片仍然是商业世界里交换联系细节的首选方式。大部分公司会为其面对客户的员工提供一张名片。记住，没有什么能够阻止你印制属于自己的名片。在你的名片上，需要包含的内容：

- 你的姓名、公司名称、职务头衔；
- 邮寄地址，现在通常只需要印上你的 E-mail；
- 电话号码，最好是直线电话号码，这样客户更容易联系到你；
- 你公司的标识；
- 关于你以及你的公司的一句标语或描述；
- 你的个人网站地址。

提 示

> 不要选择过于光滑或者塑封的名片，它们不便于人们在上面书写。

名片的背面是推广宣传的绝佳位置。你可以选择将以下内容放在名片的背面：

- 你的服务清单（详见修炼 2）；
- 注意留白，以便客户在与你会面时可以在上面添加备注信息；
- 与你的利基市场相关的宝贵资源；
- 与你的服务价值相关联的激励性图片。

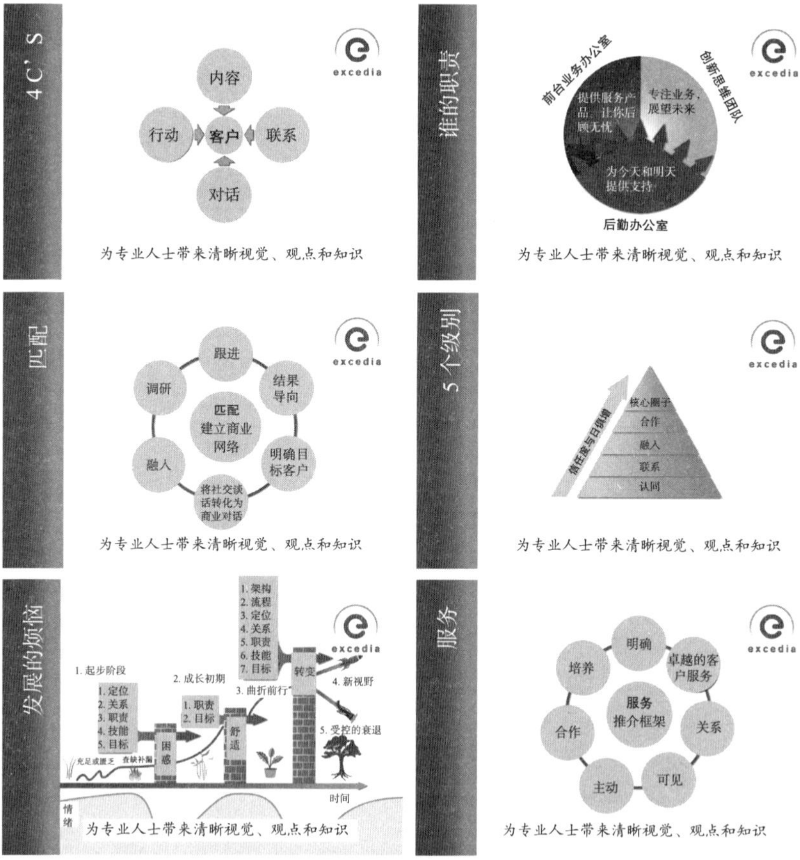

图 3–2　名片背面的内容

来源：图表来自于 ANG 创意设计公司的安吉·菲利普斯。

当你印制自己的名片之前，要考虑一下在把名片递交给客户时，你希望给他们留下何种印象。一张设计简陋、品相低劣甚至污损破旧的名片和一张精心设计、简洁崭新的名片，给人留下的印象有着天壤之别。

个人履历

专业履历可以帮助你讲述自己的故事，它可以：

- 强调你的信誉；
- 让受众和读者对你多一些了解；
- 为你释放信号，说明你是专业精英。

你的作者信誉是你写在文章底部的几行内容，它证明你是该文章的作者。如果你提交一篇文章给出版社，你将希望能包含这样的作者信誉。但通常编辑都会删除你的作者信誉使其符合字数要求或者关于作者信誉的编辑规定。

作者信誉示例

盖·克莱普滕（Guy Clapperton）在 1989 年成为一名技术出版集团的记者，在 1993 年成为自由职业者。他随即开始使用早期的社交媒体作为他的工作网络。他与许多国内的出版社持续合作，并在 21 世纪初期开始著书。同时，他在服务项目中增加了媒体培训，每月为数名客户提供教练服务。另外，他也经常围绕“广泛社会背景下的社交媒体”这一主题发表演说。

大卫·托维（David Tovey）是《原则性销售：如何在不出卖灵魂的前提下赢得更多业务》（*Principled Selling:How to Win More Business Without Selling Your Soul*，由科根出版社出版）一书的作者。他是一名商业发展顾问、教练以及演讲家，与英国及全球性专业服务公司有着超过 20 年的合作经验。

你一般会被要求提供几种不同形式的个人履历，或简短或详细。一份简短的个人履历包括 3~5 个句子，并通常在你的作者信誉中使用。而一份长履历通常是半张 A4 纸的篇幅。

你的详细履历通常会由你的原声摘要、信用陈述以及关系链接组成。举个例子：

西蒙·史密斯（Simon Smith）帮助专业运动员减少支付税金（原声摘要）。作为一名前世界青年赛事的银牌得主以及英国运动员委员会精英运动员俱乐部的成员（信用陈述），他在过去十年里为超过 1000 名专业运动员提供了咨询意见（信用陈述），并在职业足球运动员协会以及英国运动员委员会所推荐的顾问清单里占据一席之位。

西蒙曾在世界青年锦标赛的跳远项目赢得过两枚银牌（信用陈述）。他获得了参加北京奥运会的资格，但是因意外受伤不得不提前结束了他的运动员生涯（关系链接）。解决问题的热情，加上会计职业的稳定性，是最初吸引西蒙进入税务领域的原因（关系链接）。然后，西蒙在此基础上跨越了一小步，专门帮助他的前队友和其他职业运动员处理税务事宜。

西蒙的现有客户共 150 人，其中包括超过 10 名代表英国荣获过奥运奖牌的运动员以及超过 15 名的现役或退役的职业足球运动员（信用陈述）。很多新客户都是通过他们的朋友与西蒙建立了联系，因为他真的非常了解运动员的需求（信用陈述）。

西蒙定期为职业运动员撰写与税务相关的文章，并经常被邀请在运动行业协会和活动中进行演讲（信用陈述）。现在他已经不会出现在体育运动赛场了，他的两个小儿子更希望他能够在当地的公园与他们一起踢足球（关系链接）。

人称的使用

上传在社交媒体档案的专业履历表通常是以第一人称的方式撰写的，这会使你显得更加友好和亲切。相反地，为杂志、宣传册、节目或提案撰写的履历通常为第三人称，这是由于它让人感觉更加正式，也更具有商务风格。

Who Is Rob Brown?

Rob Brown is a world leading authority on networking and business relationships. He is author of over 50 publications, including the bestseller **How to Build Your Reputation**.

Rob is Head of the **Global Networking Council**, featuring the world's greatest networking thinkers, authors and experts. He hosts the online **Networking Giants Radio Show** with these gurus on the topics of business networking, online networking, persuasion, influence, relationship capital, trust, connecting, word of mouth and referrals.

He coaches and trains business professionals around the world to network more profitably, generate high quality referrals and become the number one choice for what they do in a crowded marketplace.

BORN in 1965, Rob grew up in Hull, Yorkshire (UK). In his early days travelled extensively around the USA, Australia and Europe. In 1992, he qualified as a joint Mathematics and Phys Ed teacher, showing big kids how to do tough sums, pass exams, play football and throw javelins!

From 1993-1996, he lived the 'expat life' in Hong Kong, doing acting, coaching and teaching in an international school. After a 'religious experience' in Charlotte, North Carolina (USA), he returned to the UK in 1996 to continue his teaching career. In 1999 he began a Masters in Human Resource Development before taking a sales role in the global health care company BUPA. To grow his business, Rob went networking. During a period of two years, he collected 987 business cards, went to 126 events, spent 200 hours shaking hands and £4385 on breakfasts, lunches, dinners and memberships.

He won NO business! All he was earning was commission on a few company leads. Rob reached a critical point of 'financial urgency' where he knew something had to change. He resolved to become an expert at networking. It prompted him to learn everything he could on marketing and business relationships. What happened next?

In just 13 months, he multiplied his income by a factor of 15!

People soon began asking Rob how he did it! So in 2004, he founded his own networking company specialising in showing people how to network productively and stand out a crowd. Rob is now the UK's most recommended person on Linkedin, and the most recommended networking guru on Linkedin in the world!

Rob lives in Nottingham, England (home of Robin Hood) with his wife Amanda, and two daughters Georgia and Madison. In his spare time, Rob likes kick-boxing, juggling, chess, backgammon, playing guitar, learning jazz piano and watching movies. He loves milk chocolate but not alcohol, grapefruit and inconsiderate drivers! A committed Christian and philanthropist, Rob has a life vision to give away £1m to Christian causes. He's a few thousand short at the moment, but working on it!

Rob Brown with former South Africa President FW de Clerk

Rob Brown with Charlie Duke, one of the few men to land on the moon

Rob Brown
www.therobbrown.com
Networking Coach
Keynote Speaker & Event MC

- ✓ Business Networking
- ✓ Online Linkedin Networking
- ✓ Referrals & Word of Mouth
- ✓ Trust & Relationship Capital
- ✓ Influence & Reputation
- ✓ Mental Toughness
- ✓ Corporate Executive Presence
- ✓ Personal Impact & Gravitas

"Truly outstanding! Rob Brown is one of the finest speakers I have ever seen. I have known him for many years - he is uniquely inspirational and his words of wisdom have real authenticity."
Joe Adams, Founder of Encyclopedia Britannica in Europe & Chairman, The Academy of Chief Executives

"Having spoken with Rob Brown at conferences, I know his dedication and expertise will do wonders for your reputation, your wallet and your opportunities!"
Lord Digby Jones, UK Government Advisor & Business Champion

rob@therobbrown.com

图 3-3　单页信用文件范例

资料来源：www.therobbrown.com

单页信用文件

提供给潜在客户的单页文档应包含以下内容：

- 原声摘要，也就是关于你是谁以及你为谁工作的内容；
- 简短履历；
- 从事的典型项目或工作任务；
- 客户列表；
- 简短的客户评价；
- 联系方式。

专业照片

在某些时候，你会需要提供你自己的照片。它们可能用于：

- 你的网页；
- 社交媒体的头像；
- 一份议案；
- 出版物；
- 你撰写的文章；
- 你准备在某次活动上的发言。

通常你需要两种类型的照片：你的半身照和用于宣传的全身照。最好请专业的人像摄影师来为你拍照。这些照片会在你的职业生涯中如影随形，因此多些投入来拍摄合适的照片是值得的。

一张好的职业照片应该做到：

- 捕捉你最好的一面；
- 采用适当的光线以及后期处理来突出展示你自己而非背景；
- 代表你希望展现的品牌和形象；

- 切忌呆板；
- 自我感觉良好。

演讲者工具包

以下内容可以帮你以演讲者的身份获得更多邀约：

- 关于你在活动中的简短视频剪辑。它们可以帮一些潜在的活动组织者体会你所讲的内容，以及你在调节现场气氛并与听众互动方面的能力；
- 一页摘要或演讲者文档，它将展示你的信用、联系方式、照片、网页细节、演讲主题，以及你的演讲稿的要点。

关于演讲者工具包，更多详情请参考第 8 章。

社交媒体档案

在撰写文章时，专业精英可在众多的社交网络上保持其曝光度和活跃度。一般来说，领英、Twitter、Facebook 和谷歌 + 是你最应该关注的四大社交媒体。

领英很适合结交企业的决策者并加入以行业划分的群组；Twitter 让你能够了解身边人和身边事的最新消息，并且能够与媒体人结识和建立关系；Facebook 则是与你现在和过去的同事保持联系的极好选择；谷歌 + 可以持续帮助你提升搜索的频次和曝光度。

> 如果你尝试着在行业内或目标群体中增强你的信誉，完全依赖面对面的交流，而不是采用在线交流与面对面交流的组合，这样的方式是缓慢且昂贵的。
>
> 李·弗雷德里克森

当你已经完成了你的诚信陈述、诚信故事以及个人履历，并拍好了照片，你现在已经准备好了需要的所有资料，可以开始在这些社交媒体网站上填写你的档案。下面我们就介绍一些填写个人档案的技巧：

- 务必为你的档案上传个人照片，这样可以让你看起来更真实和值得信赖；
- 不要忘了在你的档案中设置一些重要的关键词，这会增加你被客户搜索到的概率；
- 尽量将你的档案填写完整，否则会让大家以为你不可信，而且没有专长，显得很不专业；
- 在邮件底部提供你社交网络档案的链接。

名牌

为自己参加的社交活动制作一个专属名牌是一项不错的投入。你专属名牌的花费通常不超过 10 英镑，它将有助于你在活动中向其他人展示你的专业形象，让你在那些活动上派发的名牌中脱颖而出。

你的专属名牌应当做到：

- 无拼写错误；
- 细节以及品牌信息无误；
- 可随身携带；
- 不像粘贴式的名牌那样弄脏你的衣服。

幻灯片、文档以及讲义的模板

小细节通常可以破坏或损害你作为专业精英的声誉。这些小细节可以简单到诸如你分享给大家的书面材料的外观以及给人留下的印象。

图形设计师可以根据你希望一贯地展现给外界的形象来创建一套模板。把它设定为标准模板可以在将来节约大量的时间。

宣传资料包

这仅仅是一套关于你自己以及你的业务的材料，媒体会觉得它能够获取更多关于你的信息，对于撰写你的故事或者专访文章很有帮助。你的宣传资料包就像是你的职业简历一样，而且还会包含你的个人营销工具箱里的大多数内容。

制作一段视频，观看你在视频中谈话、演讲或进行演示有助于让你的潜在客户了解你，并在你与他们约见或面谈之前建立起信任。YouTube 是继谷歌之后的第二大搜索“阵地”，你的很多潜在客户会通过它来查找建议。

以下是一些使用视频的技巧：

- 如果你在活动中被拍摄，记得要索取一份与你相关的视频拷贝；
- 在你的经济允许范围内选择制作性价比最高的视频，特别是当你想要把演讲实录也放入到视频中时；
- 如果视频会上传到博客，要回顾一下，在视频里你身后或身边发生了些什么事情，预先查看一下有没有什么异常。

客户列表、客户评价以及案例分析

在不泄露客户机密的前提下，这些内容会为特定的客户展示你曾经与谁合作过，取得过哪些成果。在网站上，它们将帮助你获取新客户的咨询。

要加强你的案例分析和客户评价的效果，可以征询你的客户是否愿意录像。

如何正确着装

你的着装方式同样传递了关于你的个人信息。不管你是否认同，一个人的外表会被认为是反映他 / 她是什么样的人以及如何工作的外在表现。

案例分析 3

大卫（David）就职于大型法律公司，是一名积极进取的合伙人。他收到一些反馈意见说他的着装让他显得不够庄重。有失庄重阻碍了他晋升为合伙人的职业发展进程。在投入时间与形象顾问进行探讨之后，他改变了自己的工作着装。此后，在提出要求的 18 个月内，他被提升为合伙人。

你的发型、鞋子、文身、穿孔以及服饰都会被认为是你的地位、自信、自爱以及自我价值的标志。如果你建立了正确的形象，它可能会让你变得引人注目，而不是被品头论足。错误的形象会妨碍你成为专业精英。通常情况下，别人不会直接告知你的着装不得体，因为很多人都羞于挑起这样过于私人而且风险很大的话题。

提 示

正确着装并不意味着你会因此自动得到提升，但是不正确着装绝对会阻碍你在专业服务公司的职业发展。

如果你得到的反馈与下列内容相近，那么你就需要花一些时间来考虑如何转变你在工作中的形象：

- 缺乏存在感，欠缺魅力或者有失庄重；

- 看起来太过随意；
- 修饰不够。

以下是我们建议的增强存在感的 17 项技巧。

1. 为你渴望获得的信誉而着装。观察一下你所在行业内的成功人士如何着装，在你自己感觉舒服的前提下复制他们的风格。
2. 不要穿那些感觉太暴露、拘谨或太短的衣服。
3. 经常更新你衣柜里的服装，清除那些已经穿旧了、有污渍的、破损的或穿厌了的衣服。
4. 至少每年一次增加一些新的职业服装。
5. 不要盲目追随潮流，留意哪些是时下的款式。更重要的是，要清楚哪些是过时的。
6. 为自己购买一些经典的不会过时的服装。
7. 确保你的衣服是合身的。
8. 多购买几件量身定制的服装。
9. 不要着眼于穿着的舒适度，而要注重着装带给你的存在感。举例来说，穿着舒服的运动鞋走路去上班，进入办公室时就应换成职业鞋。
10. 始终记着要穿得比客户稍正式一点。比如，如果你的客户穿着休闲的牛仔服装，那当你去拜访他们时就应该穿商务休闲服装。
11. 在你外出拜访客户或参加重要会议之前，随手准备一把梳子和一面镜子。
12. 考虑到你可能需要穿着套装或有客户意外到访的情况，应在办公室常备一件外套。
13. 穿着的服装应该能够覆盖任何明显的文身。
14. 保持双手及指甲干净整洁。
15. 去除脸上和耳上任何多余的穿孔饰物。

16. 男士要保持脸部的毛发整洁并修剪得当。
17. 在离开家或参加会议之前，需要在镜中检视自己的背影，因为你应意识到当你离开会议室而其他人仍留在里面时，他们会看到的是什么。所以全面擦亮你的鞋子是很有必要的哦。

社交媒体礼仪

社交媒体的使用将支配你的在线足迹以及影响你给网上结识的人留下的第一印象。使用不当会损害你的可信度。在此提供一些该做与不该做的事项，来帮你更好地利用社交媒体。

该做的事项

- 参与沟通，而不仅仅是宣传你的思想、内容和自己的材料；
- 做到有礼貌并让人记住你的礼仪，你不知道谁会听到你的对话；
- 尽量尝试给予帮助，而不仅仅是推销你的观点或服务；
- 在网上发布任何信息之前要想清楚：这会帮助我建立一个良好和正面的信誉吗？
- 与网上的人谈话时要假设他们正站在你的身旁；
- 如果在网上收到负面的评论，请致歉并为此提供网上交谈的机会；
- 记住每个人都有选择的权利，而且你不能在任何时候都满足所有人；
- 让你的个人魅力显示出来，但是不要偏离主题；
- 浏览你的目标群体经常登录的网站。

不该做的事项

- 发誓、哀叹或抱怨；
- 在特别疲惫或醉酒的情况下在线发布信息；
- 发布那些你不会乐于让你的母亲、记者、老板或好朋友看到的信息；
- 在社交媒体上发起与个人或职业相关的争执；

- 毫无保留地分享关于你生活中的方方面面；
- 对于你的意见或想法完全持非黑即白的观点，应该为某些灰色地带保留一些空间。

目标强化

小　结

如果你希望以专业精英的身份被看待和被谈论，那么不论在线上还是线下，营造良好的第一印象是至关重要的。为了营造这种举足轻重的第一印象，你需要在个人信息上保持一致，这些信息着重突出你的权威性以及你帮助客户所获得的成果。通常这些信息是从你的信用陈述、信用故事以及关系链接里提炼出来的。

为了让你的信息保持一致并且节约时间，你有必要把个人营销工具箱整合起来。

行动要点

1. 思考一下客户最为棘手的几个痛点，想想为何你的客户希望与你合作。为每一个痛点写一则信用故事，来说明你如何帮助客户消除了该痛点。

2. 从值得信任的同行处获得反馈，了解他们如何看待你在待人接物方面和在网上的表现，然后根据这些意见进行改进。

3. 浏览你所认为的任一领域里面的三位专业精英的网站，借鉴他们的做事风格取长补短。

4. 使用你已撰写好的信用陈述、信用故事以及履历来填写你在领英、Twitter、Facebook、谷歌 + 等网站上面的个人档案。

5. 聘请一名图形设计师来制作一套印有商标的模板，将它应用在你的文章、白皮书、报告、名片以及邮件页脚处。

6. 拍摄一组个人的职业照片，用于宣传、公关以及社交媒体推广。

修炼 4

如何运用内容来彰显你的专业素养

本章摘要

- 何谓有价值的内容；
- 创建内容的三种途径；
- 何谓内容计划；
- 创建内容计划之前需要思考的问题；
- 策划你的商业发展内容；
- 创建和分享内容的省时技巧；
- 创建博客涉及的四个问题：如何创建、包含什么内容、何时创建以及为何创建。

获得专业精英的地位，意味着客户会主动联系你，你则不必非常辛苦地推销、兜售自己就能获得不错的收益。要做到这一点，你需要持续地探寻并撰写有价值的内容，然后与你的目标客户进行分享。本章将帮助你确定哪些内容会让你的客户觉得有价值。

> 如果你持续分享那些人们觉得有价值的信息，客户将会主动来找你。
>
> 索尼娅·杰弗逊

何谓有价值的内容

内容指的是你撰写、录制、记录或分享的任何信息，比如：

- 白皮书；
- 发表的博客；
- 报刊上的文章；
- 文章的摘录；
- YouTube 的视频；
- 播客；
- 在领英讨论中发表的意见；
- Twitter；
- 网络研讨会；
- 书籍；
- 网站上的网页。

> 有价值的内容是时下关于优秀市场营销的焦点。
>
> 查尔斯·H. 格瑞

任何人都可以撰写及分享内容，然而有价值的内容应是那些令目标客户觉得有价值的东西。打个比方，如果你是服务于教练和培训师的知识产权律师，一份为他们撰写的有价值的内容将有助于保护他们的知识产权。

互联网持续不断地影响着人们购买专业服务的方式。仅在十年前，你要成为专业精英，只需要让你的名字出现在对的地方：写一本书，定期在活动上发表演讲，制作一本 3 页的小册子以及雇用 1 组销售人员来跟进电话、邮件以及信件咨询。现今的世界发展迅速，客户需要即时得到回复，而并非三天之后，更不能等到下个月的活动。这就是为何人们首先会在互联网上为自己的问题、面临的挑战和机遇去寻求答案。

快节奏的生活方式带来的另一个后果是我们对旧式的市场营销越来越难以容忍，也就是说类似于“快来买吧”这样的营销信息已经不奏效了。我们希望能够根据自己的进度来控制销售进程，而不是受制于顾问的节奏。我们希望能够开展一些自己的研究和调研，而非一味地依赖顾问给我们提供的意见。有价值的内容是一把钥匙，可以解开所有专业人士所面临的难题。这样的内容将会告知并有助于愉悦和启发我们的目标受众。正如索尼娅·杰弗逊以及莎伦·坦顿在她们所著的《有价值的内容营销》一书中所说：

> 内容营销，也就是持续构建一系列对你的受众有所帮助的内容，并在社交媒体上发布传播。它是专业人士在建立个人信誉时所能采取的最快捷的方法。
>
> 李·弗雷德里克森

如果你定期分享这类信息，就能将人们吸引到你的商业世界里。当人们需要采取购买行动时，那家能够激发、理解客户并提供清晰答案的公司将是显而易见的合适选择。

作为一名专业精英，你需要建立一个关于有价值内容（物有所值、独树一帜、意义深远）的素材库，它将有助于让你获得更多的机会，强调你在从事过的工作中获得的信用，并且将你与客户如何合作的过程系统化。你的有价值内容可以划分为两大广泛的类别：

- 有助于寻找、吸引以及留住客户的内容，比如，一篇关于帮助你的利基市场解决其现存问题的博客文章；
- 有助于帮助你更高效地与客户合作的内容，比如，一份客户签约信的标准模板。

案例分析 1

Hinge 营销是一家美国的市场营销机构，主要与提供专业服务的公司合作。他们定期撰写并分享大量的有价值内容，比如他们通过自己的社交媒体分享书籍，举办每周一次的网络会议，发布报告、博客文章、邮件列表等。本地的一家公司主动联系 Hinge，希望能帮他们构思一份议案来重塑他们公司的形象。Hinge 询问了这个新客户为何选择他们，业内其实还有很多供应商都比 Hinge 更成功。该客户坦承已经关注了他们两年之久，通过他们定期分享的内容，对 Hinge 的信誉产生了强烈的信任感。正是这种信任感让客户主动上门。

三种撰写内容的方法

时间，是专业人士在持续撰写有价值内容时所面临的最大挑战。然而，只要方法得当，持续输出有价值的内容也并非难事。

1. 原创

内容包括：

- 你自己起草的博客文章，而并非是从别处改编而来；
- 在领英、Twitter 和 Facebook 上更新个人动态，告诉读者你在哪里，你在想些什么，你将做些什么或者向你的关注者提出一个问题；
- 白皮书、报告、指引、工作手册等；
- 与你的付费客户进行面谈的视频；
- 在 Twitter 和网上研讨会上的对话；
- 你为合作客户撰写的标准表格、问卷调查、方法论。

2. 循环再利用

指通过对原文档的修改，用作其他用途或者重新包装你的内容。包括：

- 将你为某位客户所做的工作应用在其他客户身上；

- 在得到授权的前提下，在自己的博客上转载别人的博客文章，也可以授权别人转载你的文章；
- 重新把一份白皮书或报告细分为多篇博客文章；
- 参照你最近完成的一份有关客户工作的内容，为其他客户制定一份标准的问卷调查表；
- 参照非相关行业里的联系人所提供的计划书，根据自己的目的进行改编。

3. 转载摘录

指的是你过滤或者挑选 / 分享其他人或你的公司所属的内容，而这些内容被认为是你的关系网络、联系人、客户或者社交媒体关注者都会觉得有价值的。内容包括：

- 在博客或者文章（不管是否为你的原创文章）上推送一条链接；
- 转载其他人的内容；
- 在领英上分享某个博客或者某篇文章的链接；
- 在业务员的领英档案上附上演示内容的副本、视频剪辑、白皮书、报告或者指南；
- 给你的关系网络里的目标人群发送一篇有价值的文章；
- 根据一篇文章里的关键内容点，在领英的群组里发起讨论；
- 采用通讯简报来分享关于某个主题的有趣文章。

何谓内容计划

内容计划指的是你为将要撰写的有价值内容所构建的一个框架。

内容计划的重要性

内容计划有助于你提前思考并策划你的内容。这样做好处良多，包括：

- 让你将撰写的内容与你的市场营销计划，特别是营销活动有机结合起来；
- 节省时间，你不会一直在思考你需要写些什么；
- 让你在有需要的时候，可以请其他人为你撰写所需的内容。

表 4-1　　内容计划范例

月份	一月	二月	三月
指引、报告、白皮书	为律师实务撰写的税务计划指引	为引入新的股东合伙人所需的决策	企业成功合并的要领
博客文章	减少税金的七种方法	有效的横向招聘必备的 6 个要领； 发展股东合伙人的 10 种技巧	成功合并企业的 10 种方法； 客户案例研究
通讯简报	聚焦在减少税额这一主题	聚焦在如何引入新的股东合伙人	聚焦在与合并企业相关的问题上
领英	更新博客上的状态； 围绕新的博客内容展开讨论	更新博客上的状态； 围绕新的博客内容展开讨论	更新博客上的状态； 围绕新的博客内容展开讨论
Twitter	法律公司的实务管理技巧； 博客文章的链接； 《法律周刊》与《律师》上的文章链接	法律公司的实务管理技巧； 博客文章的链接； 《法律周刊》与《律师》上的文章链接	法律公司的实务管理技巧； 博客文章的链接； 《法律周刊》与《律师》上的文章链接

如何制订内容计划

你的内容计划通常会被划分为两大类：商业发展内容和商业流程内容。

关于商业发展内容的例子包括：

- 有助于展示信用的指引、报告、博客以及白皮书；
- 为潜在客户准备的简介文档，减少他们想象中对于聘请你所感知到的障碍和风险；
- 出版传统纸质书和电子书。
- 为那些在你的网站邮寄清单上进行注册的人提供奖励；
- 播客、视频、YouTube 剪辑、远程研讨会的录音以及网络会议；
- 案例分析以及客户评价；
- 增加你的服务或产品的认知价值；
- 当人们加入你的列表时的自动回复；
- 在领英、Twitter 或 Facebook 上的状态更新；
- 在网上研讨会上提供的答案；
- 在网上论坛中提供讨论线索；
- 对于其他人的博客内容所作的评论；
- 通讯简报；
- 通过邮件每周发送的相关技巧。

关于商业流程内容的例子包括：

- 委托书；
- 条款和条件；
- 新客户表格；
- 新客户欢迎（迎新套装）；
- 实情调查问卷；
- 标准的报告模板；
- 支持内部 / 外部流程的标准邮件。

至于如何确定内容来帮助你更有效地经营自己的业务，这一点不在本书的讨论范围。

在制订内容计划之前需要思考的问题

在开始撰写内容计划之前，思考一些重要的问题是值得的，这将有助于为你或你的公司节省时间。

这些问题可以是：

- 对于你正在进行的内容创建，切合实际的期望是什么？
- 你的客户在哪些地方查找信息？
- 你的客户希望你的公司为哪一类型的问题或困难提供答案？
- 哪些内容是可以由你自己创建，或者委托给公司里的其他人或外部独立机构负责？
- 你有哪些现有的基础资源（比如博客、邮件营销软件）去进行内容传播？

设计你的商业发展内容

此类内容的目的是协助你找到、签约并留住客户。每一位你签约的客户通常会经过类似的流程，通常被称作市场营销和销售漏斗。你的商业发展内容，将会为你在渠道中保留合适的意向客户和现有客户，并驱动他们转化为忠诚客户。

> 当他们确实应该开始针对那些干扰典型客户的简单事情展开论述时，许多专业人士却仍在撰写一些枯燥的技术文章。
>
> 艾伦·史蒂文斯

让我们来了解一下市场营销和销售漏斗里的每一个阶段（如图 4–2 所示），它展示了你在漏斗的每一阶段可以采取哪些行动来驱动某人转化为忠诚客户。

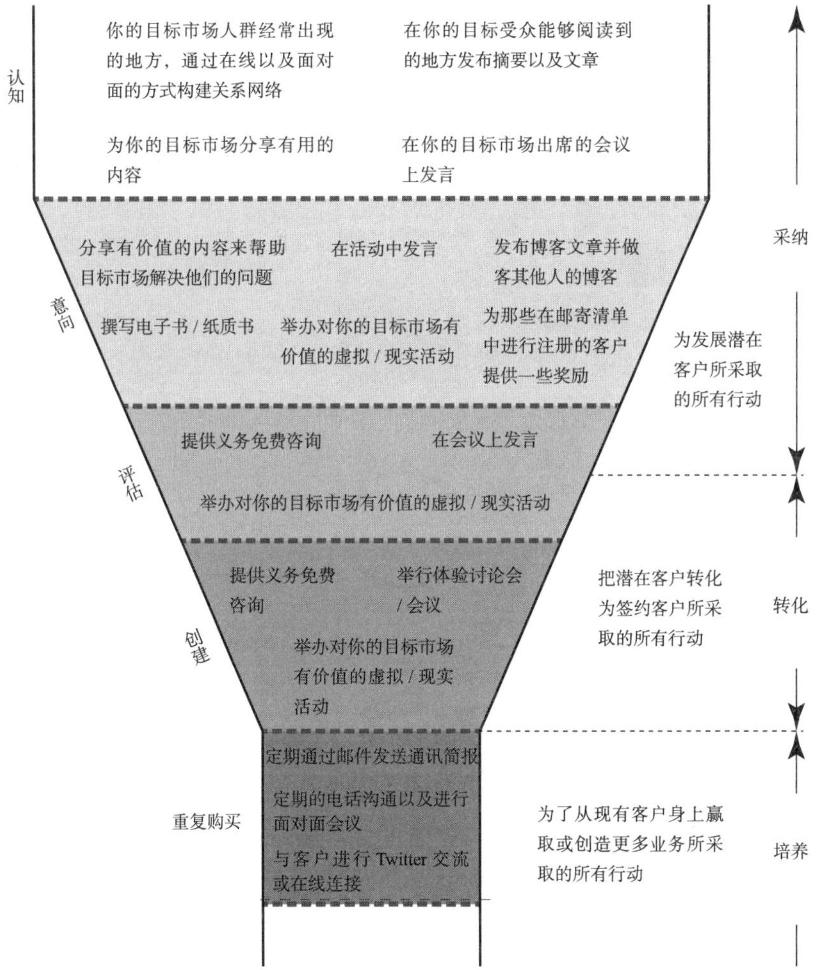

图 4-2　市场营销及销售漏斗的每个阶段

创建

这是你为了发展潜在客户所采取的一切行动。意向客户指的是那些希望采用你的服务并联系过你的真实潜在客户。举例如下：

- 通过撰写有价值的内容，在你的目标市场建立你的形象以及知名度；
- 在你的目标受众以及那些可把你介绍给潜在客户的关系网络人群最显而易见的地方分享有价值的内容；
- 通过有价值的内容来向你的目标受众证明你有能力帮助他们面对挑战，满足他们的需求，而且你是可以做到言出必行、履行承诺的；
- 持续提供有价值的内容并通过它来保持与潜在客户的联系，直到他们准备好进行购买。

转化

这是你为了把意向客户转化为已支付第一笔费用的签约客户所采取的所有行动。举例如下：

- 对接收到的咨询进行筛选，判别是否是你希望与之合作的客户类型；
- 预测并克服在合作过程中客户可能持有的任何异议；
- 在潜在客户的眼中树立你在业务上的信心；
- 提供持续的内容并通过它来保持与潜在客户的联系，直到他们准备好进行购买（没错，在“创建”和“转化”阶段，这是你要坚持做的）。

培养

这是你为了从现有客户身上赢取或创造更多业务所采取的一切行动。这些客户通过向其他人推荐你或者向你购买更多的服务。因此，你需要创建具备以下特点的有价值内容：

- 你撰写和呈现的方式，需要让现有客户觉得可以轻松地把内容直接转发给其他人；
- 通过展示你如何领导变革以及提升自身专业技能来让客户保持兴趣；
- 保持高水准的客户服务，即使你与客户之间的现有合约已经结束。

案例分析 2

詹姆斯（James）是一家大型法律公司中负责劳动法相关业务的合伙人，他专注于酒店行业。

他从可能的三种客户类型——未知客户、潜在客户、现有客户——入手进行思考，为这三组客户分别准备了有价值的内容。

对于未知客户，他撰写了一份“雇用临时员工并避免陷阱的简单指南”。他把这份指南分成八个部分，以便可以逐步把内容推送给他的目标受众。这些内容在他的博客上进行发布，其中一些内容也被刊登在一份商业杂志上。

在某位会计师向其酒店业客户定期发送的通讯简报上，詹姆斯安排推送了这八部分内容。他们告诉詹姆斯，这些内容实在是太有价值了，他们很乐意帮这个忙。更为重要的是，詹姆斯撰写的内容并没有直截了当地推销他的服务，而只是在文章的底端提供了自己的姓名和联系方式。

对于潜在客户，他撰写了一系列长文章，而其中有许多文章提供了案例分析，以说明如何从代理雇员身上挖掘更高的价值。要访问这些文章，读者需要登录他的网站并注册，这样注册会员就会接收到他每周通过邮件免费发送的相关技巧。詹姆斯再次决定不在其中进行推销，而是更偏向于提供有价值的信息。

意识到某些客户希望能与詹姆斯会面，而不仅仅是阅读他写的文章，詹姆斯就运用 YouTube 的视频剪辑来创建更吸引人的内容。其中某些内容来自于互联网，更多的则是詹姆斯自己拍摄的客户评价。由于是自行拍摄，制作这些客户评价视频的成本很低，但客户反响非常好。

最后，对于现有客户，他希望保持他们的忠诚度，最好由他们向更多人推广他的业务。他特地研究了酒店业公司招募代理雇员所使用的成本效益优质方法。他把这些信息分享给自己的现有客户，并邀请他们带上一名宾客去参加他举行的研讨会。在会上，詹姆斯与他们讨论这个调研内容给他们带来的启示。

在创建和分享内容方面节省时间的技巧

下面是我们在创建和传播内容时所使用的省时技巧：

- 尽量使用诸如 Hootsuite 、Twitterfeed 和 Bufferapp 此类工具，协助你安排发布时间，并实现每天在社交媒体自动发送分享的内容；
- 养成每天登录所使用的主要社交媒体的习惯；
- 集中精力全面专注于一部分网站，而不是泛泛地浏览众多的网站、群组或者社区；
- 在计划发布博客文章之前，至少提前撰写该文章内容的 80%；
- 使用 Twitter 上面的“收藏”功能，创建一个储存有用内容的素材库，并通过 Bufferapp 在你的社交媒体上进行分享。

创建博客涉及的四个问题：如何创建、包含什么内容、何时创建以及为何创建

你的博客是分享有价值内容的一个关键资源，最大限度地提升博客的有效性至关重要。

博客文章与杂志文章或专题报道不同。它通常是比这些类型的文章更简短且更不拘一格。一篇博客文章的理想篇幅长度应该介乎于200~500 字，也就是说，适合在 5~10 分钟内阅读消化的篇幅，精简但又足以提供一些有价值的内容。

与传统的印刷类报纸和杂志不同的是，任何人都可以创建自己的博客。很多免费的博客构建工具，比如 WordPress.com 或者 Blogger 都可以让你在几分钟之内建立免费的账号并开始使用博客。建议你在自己可控的平台上创办博客，这个平台也就是你的个人网站。通过这种方式，你就可以对自己的所有内容保持密切的关注。

博客的主要目的是帮助人们通过商业文学加深对你的了解，并与你个人发生关联，也就是说与你的个人品牌进行互动。在与你的目标受众建立信任与信用方面，博客是一个极好的工具，它让你可以向客户展示你对他们的理解，并且让他们清楚你的思维逻辑和专业水准。

博客的好处

博客是一处绝妙的场所，它向你的目标受众展示你的信用，并表明你在前沿思想上的地位，保持与现有关系网络以及客户的联系。当你的利基市场与你在线上的虚拟世界会面，他们通常有兴趣知道你会不会是进行交易的合适人选。你可以通过直接引导或者在社交媒体设置链接来让客户浏览你的博客。通过精心维护的博客来建立你的信用，增强你在网络世界的个人品牌，这是最为简单的方法。

你在网站上更新内容的频率极大地影响了你的网页在谷歌的搜索排名。相较于静态的网站，博客是动态的，即使用者可以与网页进行互动，所以博客通过搜索引擎更容易被人发现。这也意味着，你需要在博客里使用更多的关键词。

案例分析 3

马丁（Martin）是专注于专业服务公司的商业拓展专家。通过领英，他为专业服务领域超过 25 位知名成员发送了定制的个人邮件，并与他们进行了沟通。每一位他联系过的人最后都与他建立了联系。马丁以这些联系为基础，得以与更多的人进行电话沟通或会面，他在业内的个人品牌形象和关系网络的拓展都得到了很大提升。

凭借这些已经建立的关系，他被其中几名人士邀请到一些博客做客座嘉宾。他留意到，每当他做客的博客发布相关内容，自己的领英档案的浏览量就会成倍递增。由于他的客座博客提升了他的形象，他被一家法律公司相中，出任负责商业拓展负责人的职务。

博客站点与网站的对比

当人们提起博客站点，通常是指那些把博客部分编排在首页而简介部分安排在后面的网站。而网站则把简介部分编排在首页，它可能会在网站上加入博客的内容，也有可能提供该公司在其他网域或子网域的博客链接。

为帮助你厘清你的网站需要什么内容，此处提供几个问题以及提示。

第一个问题比较简单：你上次主动阅读营销资料是什么时候？不管它是广告还是产品宣传网站。我猜答案应该是很久以前，除非你在做竞争对手调查。你的情况并不是个案。我们现在获取信息的途径繁多，我们从中归纳出营销 SPIN（即顾问式销售技巧，S- 状况询问，P- 问题询问，I- 暗示询问，N- 需求确认询问），在阅读内容以及何时阅读这两方面具备更多的选择性。

现在把这些内容转移到你的网站上：如果你所做的一切都是为了向你的潜在客户（即网站访问者）投放大量市场营销的宣传，那么他们有多大兴趣去细读你所写的内容或者日后会再次访问呢？事实上你许多的潜在客户在第一次访问你的网站时，并没有准备好购买你的服务。

那么，我们最终考虑的问题是：你如何鼓励这些潜在客户和支持者定期访问你的网站，以便当他们准备好进行购买时，你——而并非是你的竞争对手——可以抢占先机。

在回答这个问题之前，让我们先回顾一下在专业服务购买条件方面的其他两个重要因素——信任和信用。任何人都可以在网站上吹嘘他们如何了不起，让一些熟人提供好评就可以了。很多人已经意识到这一点，希望能够得到更多关于你的专业技能的切实例证，证明你有足够的能力帮助他们解决问题。

这就是博客网站的力量。你的博客为你的潜在客户提供了大量的有价值内容，它们证明了你在选取的专业领域里的专业水平及素养。这使得专业顾问们在维护与现有及潜在客户的关系时，可以获取更高的信任度和可见度，而且更省时，成本也很低。记住，要想从博客上获取预期效果，你需要准备一些经过深思熟虑的内容并进行定期更新。

你需要做出选择——是否把你的博客隐藏在你的网站之后（即在网站上点击链接才能跳转到博客上）——或者是显示在主页的醒目位置。

图 4-3　优秀主页范例

来源：www.venture-now.com

我建议你把内容放置在网站的首页，并采用博客网站的方式。为什么呢？你的主页是整个网站里访问频率最高的。这样就可以在你的网站最常用的接入点提供有价值内容，以鼓励人们点进你的网页并有助于引导他们参与到内容中来，从而在此过程中建立起自己的信用。由此，他们更有可能再次访问你的网站，与你建立起更进一步的联系。一个经常更新的博客可以促使他们再次访问，而再次访问的次数越多，他们就越有可能主动订阅你的博客，并在将来使用或者推荐你的服务。

你或许会想，如果那么简单，那为何还有那么多人都没有自己的博客网站？部分原因可能是由于受到传统营销的影响。许多营销专家尝试在社交媒体世界使用旧有的营销技巧。但这种方法通常都不奏效。如果这就是能够积极影响潜在客户购买行为的机制，为何要把你的有价值内容隐藏起来呢？这是不明智的。然而，要真正地接纳博客网站需要转变观念，许多专业人士（也包括企业家）对此仍未有所转变。

如何使用博客把效益最大化

诚然，撰写博客文章会消耗掉你不少时间，但撰写博客的目标是让每段文字都有价值，所以应力求精益求精。以下是帮助你达成这个目标的几种方法。

1. 通过内容计划来制定日程表，这样你就可以循序渐进并将你的博客内容重新包装成一篇文章，应用到你的业务发展流程中。

2. 确定你的目标客户所面对的痛点，将其作为你整年的内容计划的主题。

3. 将你的博客内容与你构想中的关系网络结合起来。

4. 持续更新博客内容，潜移默化地影响潜在客户和现有客户，并与他们进行互动，引导他们谈论的内容。

5. 采用谷歌分析工具来帮助你追踪人们最感兴趣的主题，并根据分析结果适当调整你的内容计划表。

询问客户的兴趣点，并在那些方面进行深入了解。

案例分析 4

珍（Jean）是一家中型会计公司的合伙人，她专门致力于为家族集团企业提供咨询服务。她曾经为一名客户节省了 800 万英镑的遗产税。在得到这名客户授权的前提下，她将如何促成此事的经过发布在了博客上。

当她写完了这篇博客文章，立刻通过社交媒体对内容进行推广，并在她的邮件脚注处提供了博客的链接。

然后她浏览了手中的客户、中介人以及潜力客户清单，甄别出那些可能对遗产税计划感兴趣的人。她给其中的每个人都发送了一封个性化的电邮，与他们分享这篇博客文章，并询问他们或者他们的客户关于遗产税计划的意向。

你的博客更新频率

很多人都问过这个问题。正确的答案取决于你的利基市场受众希望阅读你的博客的频率。举例来说，某些专业人士每天更新几次博客，但发布的内容简短扼要。而有一些专业人士则每周撰写发布具有深度的文章。如果你之前没有创建过博客，我们建议你隔周撰写一份 400 字左右的博客文章，然后当你在这方面建立起了信心并习惯了这种博客文章的撰写方式之后，再逐渐变为每周一次。

提 示

所有你发布在博客上的内容，对读者来说必须是有价值的。如果读者自愿向其他人转发这篇博客文章的链接，那就是对文章价值的最好证明。从这个意义上看，那些关于你的办公室搬迁或者圣诞派对的博客内容对于外部世界来说是毫无价值的。

关于博客内容的 16 个建议：

1. 案例分析；
2. 合作愉快的客户的评价；
3. 合作愉快的客户获得的回报；
4. 在共同合作过程中，客户或者你自己学到了些什么；
5. 在公司内外与专家进行的访谈；
6. 指南类型的文章；
7. 介绍团队的新成员；
8. 对于新闻或文章的评论；
9. 任何突显你个人信用的故事；
10. 书评；
11. 你已经准备好的演示内容；
12. 你拟定的建议书；
13. 你在研讨会或会议上进行演讲的视频剪辑；
14. 你参与的任何培训活动；
15. 你开始销售的新产品或服务；
16. 一天的想法。

博客文章标题的重要性

人们会根据你的博文标题来决定是否点击进去并阅读你的文章。这意味着你的博文标题在某种意义上比实际内容更加重要。标题需要给读者传递一种价值的信息或者能够激发他们的好奇心，引人入胜的标题将有助于让你的文章引起人们的关注。

能够提高点击率的标题通常可以概括为以下类别：

- 在标题中清晰表达文章将要传递的内容，比如《避免在社交媒体引起麻烦的六项技巧》；

- 承诺帮助人们省钱或省时间，比如《企业家合法减少税费的简易方法》；
- 与直觉相违背的标题，比如特许人事与发展学会（CIPD）的一篇通讯文章，它使用的标题是《为何你不应该延续你的 CIPD 会员资格》；
- 引起利基市场的惊慌，比如《你的邮寄清单成员注册是否合法》；
- 在标题中包含目标受众的信息，比如《洗钱—企业家需要了解如何做到安全合法的要点》。

目标强化

小　结

内容的有效运用有助于自我推销并在市场中脱颖而出，有效地经营你的业务。采用有价值的内容进行市场营销是明智的方法，它让你得到赏识，同时与你的关系网络以及客户建立联系，赢取商机，而无需采用激进的营销方式。

花些时间运用内容计划来编排你将创作、转载或提炼的内容，这会让你在繁忙工作中始终能持续地进行内容营销。

你的博客可能成为你的内容营销的重要阵地之一。它将帮助你与你的关系网络建立起情感联系，若能进行策略性地运用，那它将成为你在生意中赢取业务的绝佳工具。

行动要点

1. 根据你的竞争对手在网上开展的活动，找出三项他们比你有优势的活动，并制订计划在其中一项上超越他们。然后行动起来！

2. 内容计划练习：完成本书练习手册中关于商业发展的习题。

3. 找出六个你欣赏并喜欢阅读的博客网站。留意一下你欣赏它们的地方，观察他们如何使用这些博客网站，确定哪些方面做得比较好，继而改善你自己的博客网站。

4. 咨询你的客户，了解他们经常浏览哪些博客网站，为何他们觉得这些网站有价值，然后改善自己的博客。

5. 针对你的利基市场，找出三个精心编排的博客定期浏览，在博客文章上发表评论。

6. 启动你自己的博客，或者在公司的博客上专心经营。为你未来 1~3 个月内将撰写的博客文章制订一个时间计划表。

第三部分

建立吸引优质潜在客户的渠道

在本书的第二部分，我们探讨了如何创建一个强有力的个人品牌并在此基础上开展你的业务。一旦你已经取得个人品牌所需的所有元素，就可以制订出你每天、每周、每月和每季度切实需要做的事情计划表，由此建立一个可预见的优质潜在客户的输送渠道。第三部分内容将为你展示如何通过对专业人员来说最有成效的市场路线来创建这个渠道：

- 在你的关系网络里产生推介；
- 出版书籍；
- 公关或文案营销；
- 演说；
- 举办活动。

修炼 5

为你的成功之路搭建网络

本章摘要

- 为何要建立你的网络和社群；
- 如何制定你的个人网络策略；
- 如何在你的网络中建立推介机制；
- 建立网络的日常工作。

当你想成为专业精英时，你的关系网络就是你最重要的资产——也是最消耗你时间和精力的事情。本章将帮助你通过五步流程法来制定个人网络策略，以便你能在关系网络构建中节省时间。在本章内容中，我们将为你介绍通过 SERVICE 框架来系统性地生成推介的方法。

> 我们生活在一个知识经济的时代，首先要认识到的是任何个人都没有足够的智慧凭一己之力去取得真正的成功。
>
> 哈米什·泰勒

为何要创建你的关系网络以及社群

许多专业从业人员在职业生涯一开始时就被教导要建立自己的关系网，广阔的关系网络就意味着更多的机会。当你坐在离工作地点不远处的一家小餐厅里，留心倾听周围人的谈话时，你肯定会听到类似这样的对话：

你正在考虑重建你的网站 / 联系一名招聘顾问 / 更换会计师？你应该找某某人去谈谈。

任何一名专业精英都无法否认关系网络在建立信誉、拓展业务以及得到推荐方面的价值。个人推荐的力量是极其强大的。大部分高价值产品的购买，比如采用一名新的供应商，都将涉及风险因素。被推荐的人总会得到比素不相识的人更多的信赖。

建立起完善的网络可以让你和其他人更好地开展销售工作，传播你的服务、产品和技能，发现更多的销售机会。

“酒香不怕巷子深”的时代已经过去了。即使你能提供业内最好的服务，但如果没有人知道，你将如何被客户找到？这就是为何建立和维持一个强大的、有助于传播你的产品、服务和技能的关系网络，对每一位渴望成为专业精英的人士都如此重要的原因。

> 我们构建网络的行动，使得我们即使在信贷危机和经济萧条时期，依然将利润和营业额在过去四年内逐年翻倍。
>
> 吉纳・沃兹沃思

构建关系网络一直都是一项高效的营销工具。在今天以知识为基础的全球经济中，我们比以往拥有更多的选择，能接触到更多的人，耗费比以往更少的时间便能寻找到合适的人选。这就是为何人们更频繁地在使用他们的网络来帮助他们在问题提及之时快速获取最佳解决方案的原因。随着社交媒体等在线关系网络的兴起，你现在可以比以往更方便快捷地建立起一个更加庞大和参与度更高的网络。

如何制定你的个人网络策略

我们所指的网络策略究竟是什么？卓有成效的商业网络构建是指寻

找、创建和维持互利关系的过程。你的网络策略描绘了你如何通过网络构建活动达成你的目标。

清晰和简洁的网络策略，让你可以决定将开展哪些网络构建活动，也就是说，它是你与重要人员建立联系的计划。稳步实施你的计划，意味着你将达成自己的网络构建目标。

在构建你的网络策略过程中，涉及以下五个步骤：

第一步：目标——确定你希望从网络构建活动中有何收获；

第二步：审核——评估你目前的网络构建活动在帮助你达成网络构建目标方面的适用性；

第三步：寻找——识别需要添加进关系网络的人；

第四步：创建——推进并强化恰当的关系；

第五步：维持——保持强有力的关系并让其为你所用。

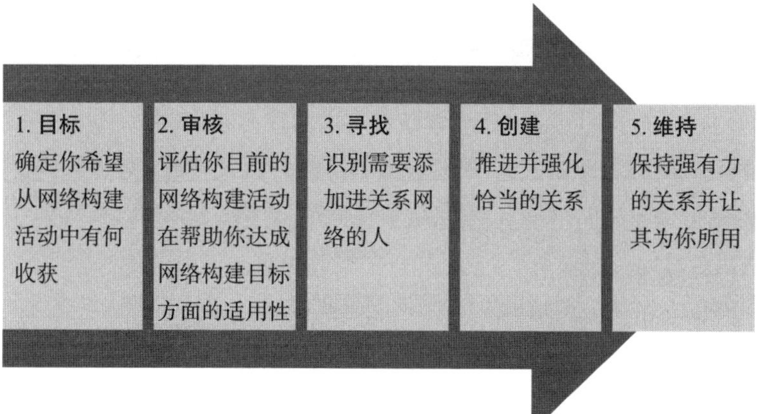

图 5-1　制定个人网络策略的五个步骤

完成每一个步骤，就可以制订好你的网络构建计划了。

1. 目标

从回顾你的总体业务目标开始，据此你可以确定能够帮助你实现商业目标的网络构建目标。

问问你自己："我究竟希望从我的关系网络中获得什么？"如果你的脑海里缺乏一个清晰的宏观目标，就很难确保你的网络构建活动能够付诸实践，因为你没有足够的动力去完成以下任何事情：

- 花些精力定期浏览领英并加入讨论；
- 每天登录 Twitter；
- 在完成一天的冗长辛劳的工作后，外出参加网络活动；
- 拿起电话并与某些你还没建立联系的人交谈一会儿。

下面举例说明网络构建目标是如何与业务目标联系起来的：

- 为了在两年内建立一个价值 50 万的客户群，我将运用我的网络，在每季度创造 4 个推介机会；
- 为了明年在布里斯托尔建立一家新办公室，我会在今年内在该城市创建一个个人网络。这个网络将包含这家新办公室所需的潜在客户，这也有助于发现新的（当地的）聘员；
- 我的职业目标是在 6~18 个月内，离开销售岗位，转而从事活动管理工作。这要求我需要在网上多结识一些管理者。

归纳起来，人们创建网络的主要原因在于：

- 创建支持他们的社群；
- 建立他们的形象；
- 寻找并赢得业务；
- 建立他们的知识与技能基础。

只要清楚自己的动机以及它如何有助于自己的职业规划，出于对以上某个或某些原因的考虑而进行网络构建就是正确的。

案例分析 1

露丝玛丽（Rosemary）是一名自由从业的培训师，她渴望在销售代理细分市场建立起她的信誉和良好形象。她为自己制定了一个网络目标，使用 Twitter 来与媒体人建立密切关系，以便出现在营销商业报刊上。这种策略带来的结果是她与五名经常在营销商业报刊上撰文的媒体人建立了不错的关系。露丝玛丽发现其中一名媒体人每隔几个月就会把她引用在文章里面。

2. 审核

现在你已确定了自己网络构建的宏观目标，是时候考虑下一步来建立你的网络策略：审核。在这一步骤里，你将查看哪些人已经包含在你的网络里。

很多人觉得他们需要从头开始构建网络。实际上，我们每个人都已经自然而然地拥有自己的网络，存在一些很有价值的联系人，他们有可能帮助我们达成网络构建目标。以罗伯特（Robert）为例，他是高尔夫俱乐部的长期会员。当他与该俱乐部的成员之一大卫坐下来面谈之后，他了解到大卫竟然是自己非常渴望争取到的一家公司的高级决策人。

进行网络审核的目的是要确保你在努力拓展关系网络上一贯采用的方式是有效的，将时间和精力花在了对的地方和对的人身上。

进行网络审核的最佳方法是绘制出你的网络导图。这项练习将切实地帮助你聚焦在那些你希望会面的人身上，了解这些人如何帮助你达成你的商业和职业目标。

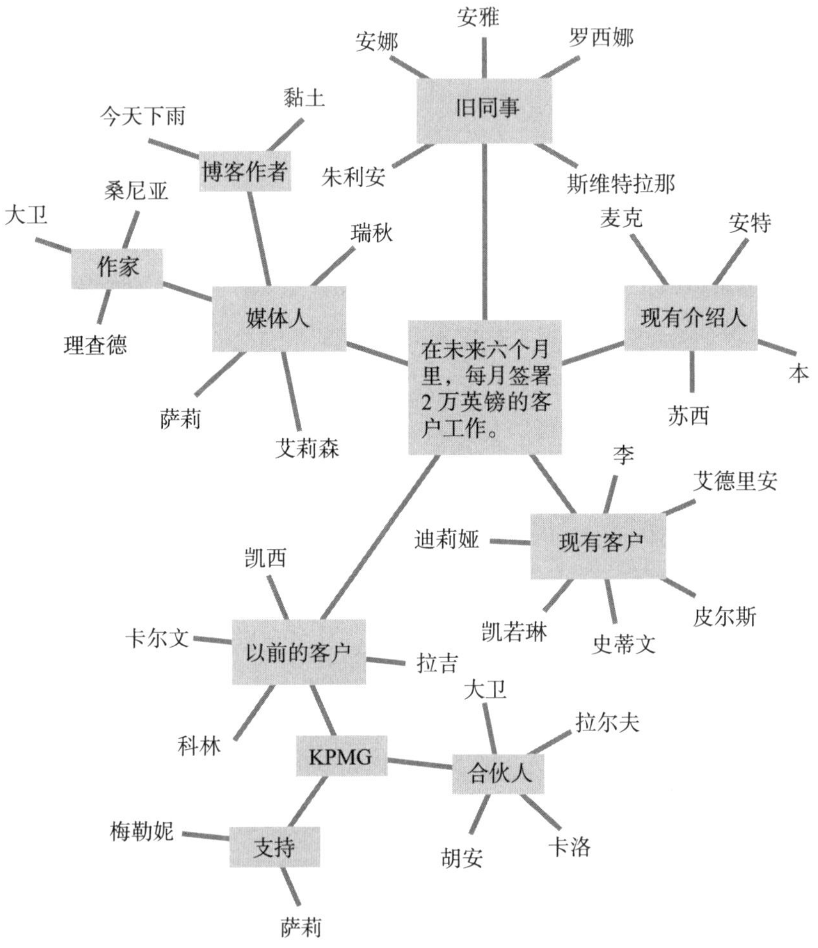

图 5-2　网络导图范例

也许你觉得有那么一点算计或操纵的意味。然而，这是一项工具，能够帮你专注于如何分配你的网络拓展时间。坦白讲，当你参加网络拓展活动时，有多少次活动你事先是不清楚自己参加的原因以及不清楚你将从与哪些人的会面中获益？你是否有效利用了时间？网络导图将帮助你将网络拓展时间可视化。如果你已经真正认识到你为何要进行网络拓展，以及为何它对你的未来职业和商业发展如此重要，那么在此基础上，它还可以帮助你排出各项网络拓展活动的优先顺序。

通常在完成网络导图后，许多专业人士会意识到他们的现有网络包含了众多可以积极帮助他们达成网路拓展目标的人。

当你完成了你的网络导图，就应该开始认真审视你现有的网络拓展活动的有效性。关于网络拓展活动的有效性练习可以帮助你做到这点。举个例子，问问你自己以下这些问题：

- 你正在进行哪些活动？例如加入职业网络群组（即核心群组），以此帮助你与正确类型的人建立联系？
- 你正在从事哪些可以帮助你达成职业和商业目标的活动？
- 哪些活动对你来说是无效的？
- 哪些活动对你来说是应该立刻开始进行的？

3. 寻找

每当希瑟在发表主题演讲或举办关于高效商业网络的高级讲习班时，她会经常讲述关于乔治·克鲁尼（George Clooney）的故事。故事是这样的：

大家经常问我最希望与谁见面。我猜这是写了一本关于网络拓展的书所带来的职业后遗症！我经常会回答：乔治·克鲁尼。然后大家会想为何是他？事实上，我的终极目标是成为一名被人供养的女人。乔治·克鲁尼代表了某位能为我提供捷径去达成这个目标的人。

现在，每个人都有某位可以为他们提供捷径去达成网络拓展目标的人。正如零售业法律专家大卫 • 凯耶发现自己与 Arcadia 集团创始人菲利普 • 格林（Philip Green）建立的关系，为他带来了众多在零售行业被推介给客户的机会。

4. 创建

令人忧虑的是，许多专业人士对于网络拓展的观点还停留在只是一个寻找联系人的过程。

当你拉开书桌抽屉，里面的名片中有多少可以激发你联系他们的念头？

> 交际会谈的频繁程度并不重要，重要的是要让你的交际会谈发挥应有的作用！
>
> 罗伯 • 布朗

这也许是专业人士在他们的网络拓展活动中存在的最大的错误。他们把太多的精力放在寻找联系人方面，而不是放在加深和维持已建立好的关系，而恰恰是这些关系将帮助他们通过自己的网络来达成商业目标。

一旦你确定了需要与谁会面，你就需要把他们进行分类。在《金融时报商业网络拓展指南》（*FT Guide to Business Networking*）一书中，联系人可以系统地被分为 3 个简单类别，即 A 类、B 类和 C 类：

- A 类联系人指的是那些应该能够帮助你达成短期和中期网络拓展目标的人；
- B 类联系人指的是那些能够帮助你达成中期和长期网络拓展目标的人；
- C 类联系人指的是那些不大可能帮助你达成长期网络拓展目标的人。

在你的网络策略里，你需要确定在会见 A 类、B 类或者 C 类联系人客户之后，你将采取何种行动。我们建议你在领英和 Twitter 上与包括 C

类联系人在内的所有人建立联系，因为你自身的情况以及对方的情况是会产生变化的。

对于 A 类联系人，我们建议你可以：

- 为他们制订一项关系计划，从中规划下一步计划行动方案；
- 争取至少每三个月与他们进行一次面对面的谈话；
- 积极寻求帮助他们的方法，比如给他们发送让他们觉得有用的文章；
- 每三个月至少为他们进行一次介绍或者推荐；
- 把他们归入 Twitter 上的清单里，每天查看他们的更新情况。

对于 B 类联系人，我们建议你可以：

- 把他们归入 Twitter 的清单里，定期查看他们的更新情况；
- 至少每三个月搜索一些有用的内容推送给他们；
- 争取至少每年与他们进行一次面对面的谈话。

Excedia 关系模型的五个层级

开展网络拓展活动的目的是要强化重要的关系。网络里与每个人的联系不可能是建立在同等基础上的。事实上，你的关系状态可以通过五个层级的关系模型来进行描述，它让你可以将不同状态的关系清晰分类，如图 5-3 所示。

第一层级：识别

在这一层级里，你只是刚刚意识到该联系人的存在。或许某人曾在谈话中提起过他 / 她，又或者你曾经浏览过他们的 Twitter 信息，还有可能他们出现在某个你曾参与过的活动嘉宾清单里。

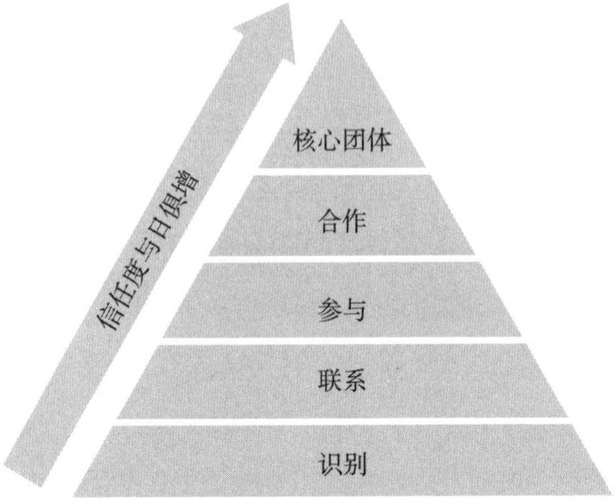

图 5-3　Excedia 关系模型的五个层级

第二层级：联系

在这一层级里，你已经亲自与其中一名联系人进行会面，进行了单向或双向沟通，也就是说，你们已经建立了联系。举例来说，你或许已经与他们在某个网络拓展活动中面对面交谈过，或者在一个网上论坛上交换了一些 Twitter 信息或文章。

第三层级：参与

在这一层级里，你已经有意识地决定去增强这些关系，开展更进一步的行动。这意味着你已经花时间来与他们进行一对一的面谈或者电话沟通。

第四层级：合作

到了这一层级，信任已经建立起来，双方都同意互相帮助，为对方进行推介，还极有可能积极寻求合作的方式。

第五层级：核心团体

关系发展到这里，你们已经开展了合作并不时地为对方的服务进行推介。你们的关系很有可能已经从单纯的职业关系发展成为私人友谊。

案例分析 2

托尼

托尼（Tony）就职于一家大型的工程咨询公司，他是一名有抱负的测量师。他热切希望通过拓展他的客户群来推进他在这家公司的职业发展。他留意到这家公司在再生能源项目方面做得越来越成功。因此，他积极地创建自己的网络，并与公司内外对再生能源感兴趣或有专门研究的人建立起关键联系。几年之后，他在这些关系方面的投入开始得到回报，通过这些关系，他可以不时地为整个公司带来新的商机。

大卫·凯耶

大卫是零售行业内著名的法务精英。他与零售行业包括菲利浦·格林先生及其 CEO 伊恩·格拉比纳（Ian Grabiner）先生在内的关键人物建立了关系，而这些关系促成了大卫的业务发展以及构成了他的客户群。通过这种方法，他创办了针对细分市场的小型公司——克莱尔蒙特公司，该公司拥有 15 名员工，与众多零售业家喻户晓的公司进行合作。

关系计划

为所有的 A 类联系人或者某些 B 类联系人配备一个关系计划。关系计划可以帮你做到：

- 详细描述你对这个人的了解以及你希望在哪些方面对他们进行进一步了解；
- 包含你渴望达到的接触程度；
- 指出你希望基于这些关系来达成什么目标。

针对那些对你来说有重要意义的人制定关系计划。每月回顾一下你所有的关系计划，确认在你的日程表里是否已计划好未来 3 个月内需要联系的人，确定适度的联系频率。然后，继续在下个月延伸你的关系计划。

5. 维持

让我们回想一下学生时期的朋友。你与他们当中的多少人还保持着联系？现在，对于那些你已经与之失去联络的人，你认为自己还可以拿起电话与他们交谈吗？我认为不太可能。那么，对比那些你觉得可以随时电话沟通的校友，是什么导致了两者之间的区别？如表 5-1 所示，做一份关系计划表。

表 5-1　　关系计划范例

姓名	约翰·布朗	**领英及Twitter**	www.linkedin.com/in/johnbrown@jcbrown
电话	01234 567 8910	**网址**	www.johnbrownLLP.co.uk
电邮	jcbrown@johnbrownLLP.co.uk	**地址**	新城某街 100 号商业大厦，AB10 9cd
职位	企业主	**公司**	约翰·布朗有限责任合伙公司
联系频率		会面：每 6 个月一次 电话沟通：每季度一次 电邮：每月一次 Twitter：每天登录	

（续表）

目前的关系以及想要建立的关系（5 个阶段）	目前的关系：第 3 阶段 想要建立的关系：第 4 阶段
他们的目的与目标	在未来 2 年内，让他们的收入翻倍并保持利润率 甄选 2 名助理律师作为代表
他们工作之外的兴趣爱好	高尔夫、西餐，NBA 马刺队的球迷
家庭状况	已婚，有两个 10 多岁的小孩，史蒂文（13 岁），亚历克斯（15 岁）
我如何能帮助他们	减少税单金额并开始提供季度账户管理
他们希望我给他们发送什么样的信息	每月提供客户可能感兴趣的快讯以及文章
增进关系的下一步行动	安排下一次午餐会面并提议打一场高尔夫球

是的，定期沟通。缺乏定期的沟通，你建立起的关系将会倒退并失去作用。因此，你的网络策略当中很重要的一个部分就是需要确定你如何去与现有的关系保持联系。

与网络上的重要人物保持联系的最佳方法之一，就是给他们发送并分享有价值的内容。这些内容可以是一些原创的或者转载的文章、语音、视频等。

提 示

对于那些你希望与之保持密切联系的人，你可以订阅他们的信息快讯。

回到第 5 章，重新审阅你的内容计划。如有必要，对它进行修改润色，以便确定你将与 A 类联系人分享哪些内容，并确定通过哪种方式与之分享。

如何通过你的网络获得推介

拥有关系网络是一回事，但运用它来建立一个可预期的销售机制则完全是另外一回事。你的个人网络策略让你能够与合适的人进行沟通，然而，如果你没有选对话题，你将错过通过个人网络来获取推介的机会。

SERVICE 框架将帮助你通过你的网络拓展活动，将你从现有的网络中获得的推介数量最大化。SERVICE 代表的是（如图 5-4 所示）：

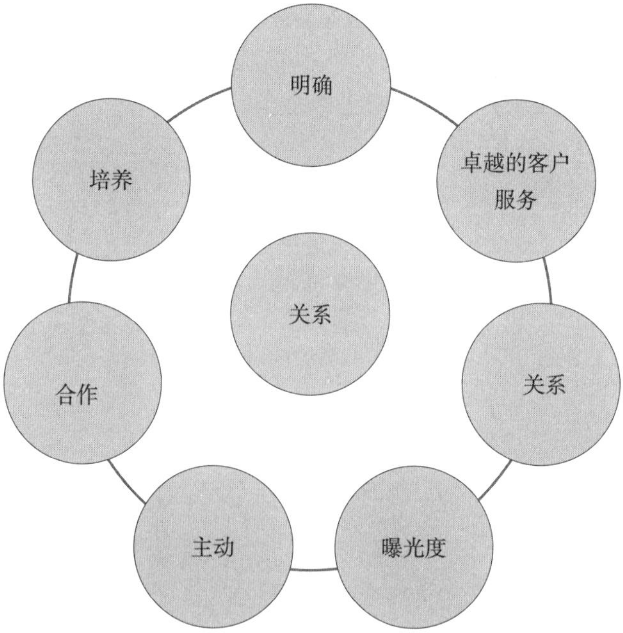

图 5-4　Excedia SERVICE 推介框架

- S - 明确（Specific）；
- E - 卓越的客户服务（Extraordinary Client Service）；
- R - 关系（Relationships）；

- V - 曝光度（Visibility）；
- I - 主动（Initiative）；
- C - 合作（Collaborate）；
- E - 培养（Educate）。

1. 明确

在第 2 章中，你已经确定了自己的利基。然而要真正地从利基市场获益，你需要对它做出承诺。因此，当你在拓展自己的网络时，把你在第 2 章创建的原声摘要、信用陈述以及信用故事运用起来。比起那种对所有人声称无所不能的做法，这些内容更能帮助你脱颖而出，给你的目标客户留下深刻的印象。

做到“明确”这一点不仅仅是对你的利基市场做出承诺，它也涉及明确界定你想被推介给哪些人。如果你已经完成本书第一部分的作业，并绘制出你的网络导图，那你就可以明确知道自己希望被推介给谁以及为什么。

2. 卓越的客户服务

成为专业精英的好处之一就是，可以为你带来大量的口碑推介。举个例子，在制造行业担任项目总监的西蒙妮发现每一名来寻求帮助的新客户几乎都是通过多次的个人推荐才决定采用她的服务。只有当你为客户提供宽泛、优质甚至卓越的客户服务时，才能获得这些被口碑传播吸引过来的业务。这类优质及卓越的客户服务将促使你的客户向其他人进行推荐传播（注意，如果你脱离客户服务这个基础，任何提供卓越客户服务的尝试都将变得徒劳）。幸运的是，卓越的客户服务实际上是可以通过简便、低成本的方式来实现的，只要你用心思考，应当如何为你的客户带来不同的体验。比如，你可以尝试：

- 在你的办公室里多准备一套手机充电器，当客户到访会谈时，可以为他们的手机充电；
- 记录下客户的餐饮偏好，以便你能够始终为他们提供一些他们喜欢的食物，比如一杯热饮或茶点；
- 在办公室配备几把雨伞，这样在雨天你就可以把客户送到他们的车上；
- 为客户寄送生日贺卡；
- 每六个月为他们介绍一名潜在客户或一名推荐人；
- 当你与公司的合约完成时，向客户寄送一些小礼物。而这些礼物应该与你所从事的工作有所关联。比如，在合约完成日，一名产权转移律师可以给他的客户送上一个美食礼篮。

3. 关系

正如前面所述，一小部分人的关系，也就是你的 A 类联系人，将为你带来大量的推介。那么，想想你上次更新 A 类联系人的关系计划是在什么时候？

4. 曝光度

出现在所有恰当的地点，不管是线上还是线下，是产生推荐的主要因素。以阿卡尔为例，当他在制药行业树立自己作为成功精英的信誉时，都能确保自己出席几乎所有大型的制药贸易展会。你的个人网络拓展策略，将确保你在所有恰当的地点出现并进行恰逢时宜的网络拓展。

5. 主动

产生推荐的最佳方法之一是邀请他人主动推荐和介绍你，以此来获得商机。但是，我们当中很多人觉得难以开口，他们可能觉得这样做似乎太激进和功利。请记住，你并不是直接向他们索取业务，只是请求他们帮忙而已：

以下这些都是要求别人帮忙推荐你的好时机：

- 当某位客户给予你积极正面的反馈时；
- 某项任务圆满结束时；
- 当客户意识到你为其提供的服务超出职责要求时。

在你的关系网络中，每当有客户或联系人帮忙向其他人推荐和介绍你时，应该征得他们的同意。在你联系这些被推荐来的新客户时，记得引用他们的名字，或者将你准备好的简介提供给他们，以便在电话或者电邮中进行推荐时使用。

6. 合作

与同一利基市场里面的其他专业人士进行合作，你们之间的交集可以生成更多的推荐机会。在你认识的人当中，有哪些人拥有与你相似的客户类型，但是提供不同的服务？在建立关系的初期，你们可能希望在这些小事情上能够互相帮助：

- 为对方撰写博客文章；
- 在文章中对他们进行引用；
- 在你的资讯快报里面对他们进行推荐。

当相互关系、信任和信用建立好之后，有必要去思考需要共同合作的更重要的事情，比如推出一项联合服务或者产品，或是共同举行一项营销活动。

系统性地为他们介绍你的所有新客户，提供简易的激励措施，鼓励新客户使用他们的服务。

案例分析 4

特许经营诊断是指为现有的特许经营商提供的一系列诊断。这项诊断服务是卡尔·瑞德（Carl Reader）与别人共同创立的。卡尔是一名专注特许经营行业的会计师。对于每一次诊断，他们往往能为 6~10 名特许经营商提供服务。每一位出席诊断的专业顾问通常在每次的诊断过后都能够从中获得切实的业务。

7. 培养

如果你想让你的关系网络为你充当有效的口碑营销团队，就需要你培养他们如何去发现潜在客户，衡量他们的这些行为在你心中的重要程度，以及确定下一步应该怎样做。回到第 3 章的内容，查看一下你的原声摘要以及你为客户解决的痛点。你的关系网络怎样才能确实地看到、听到、感受到，或者觉察到某人需要你的服务？你将听到他们做出哪一类的评价？

举例说明，那些准备更换会计师的人将会如是说：

- “我并不确定我的会计师究竟做了什么来证明他的收费是合理的。”
- “我的会计师好像只会在希望付清账单以及年终结算时联系我们。”
- “我对于自己的会计师目前提供的服务水平感到不满意。”
- “我的业务在高速增长，我觉得我现在的会计师可能不足以应付。”

你也需要培养你的网络，让他们知道推荐你是一件好事。通过表示感谢可以做到这一点。比如：

- 给他们寄一封你亲手写的感谢信；

- 为他们提供一份礼物；
- 作为回报，为他们进行推荐；
- 请他们吃午餐或者喝一杯；
- 如果介绍或推荐成功，为他们提供推荐费或佣金分成（但是请注意，有些专业人士可能出于道德或者制度监管原因，不会接受这样的推荐费或佣金分成酬劳）。

网络拓展的日常工作

在本章里，我们已经介绍过如何通过网络来取得成功，并开始思考你将通过哪些努力去实施你的网络拓展策略。运用本章练习的结果以及你在前面章节制订的内容计划来检查你的记录并确定你每天、每周以及每个月需要开展的工作，以此达成你的网络拓展目标（如表 5–2 所示）。

表 5–2　　网络拓展日常工作范例

每天的网络拓展工作
• 检查我的“保持紧密关系人员”清单，并在 Twitter 上提到他们时发送提醒信息 • 每天花 9 分钟在领英上查看更新信息
每周的网络拓展工作
• 出席每两周一次的早餐会议 • 在迪费路法律公司的博客上发布新文章 • 查找出色的法律博主，对其新博文进行评论 • 找出 20~30 篇文章，用于在下周分享到 Twitter 和领英上
每月的网络拓展工作
• 更新关系计划并策划未来三个月的活动 • 计划下周需要发布的博客内容

目标强化

小　结

关系网络通常是获得业务最简捷的途径。然而，为了确保你不会在网络拓展上浪费时间，你需要清楚地知道：

- 你的网络拓展策略的目的和目标以及相关的行动是什么；
- 你想与哪些人见面及其原因；
- 你将采取哪些行动去强化与网络里 A 类联系人的关系来驱动你的网络拓展目标（并最终达成你的商业目标）。

当你处身你的关系网络中，你需要变得积极主动，以便促使他们为你进行推介。运用 SERVICE 框架来帮助你培养他们了解你的需求和渴望，以及希望他们如何帮助你来达成。

行动要点

1. 完成网络导图练习，找出 3 个行动点来针对有待改进的地方构建新的关系。

2. 完成关于加深与 A 类联系人关系的练习，一定要把关系计划里的下一步行动写入你的日志里。

3. 重新检查你的内容计划，根据你在本章里撰写的内容进行完善。

4. 与你的最佳客户沟通，找出应该把时间花在哪里，不管是在网上或在现实中。月内约见 2 名潜在的 A 类联系人。

修炼 6

通过出版获得制胜之道

本章摘要

- 撰写商业书籍的好处；
- 撰写商业书籍的挑战；
- 撰写并成功推销书籍的五个步骤；
- 如何决定是进行常规出版还是自助出版。

成为一名具有一定信用及专业技能的作者，有时候能够轻而易举地为你带来专业精英的地位和荣誉。一本个人的商业书籍堪称“催化型商业名片”，它同时也是人们对高薪专业演讲家的基本要求。如果你希望被视为专业精英，那么拥有一本你自己的署名的著作是至关重要的。

> 撰写一本书并非如你想象中那样复杂，如果你拥有自己的著作，那么你得到的名誉及尊重将得到极大提升。
>
> 查尔斯·H. 格林

撰写一本书籍需要投入大量的时间，许多专业人士对此感到力不从心。本章将为你提供关于撰写和推广书籍所需的知识。

撰写商业书籍的好处

撰写商业书籍的好处有很多，尤其是出版作家这个头衔就已经为你赋予了非凡的地位和权威。哪一位专业人士不希望有此殊荣呢？

同时，撰写书籍获得的信誉度通常会让你拥有提高收费的话语权。

> 我的著作有助于阐明我选择这个题材的原因并因此帮助我构建强有力的商业伙伴关系。由于撰写了自己的书籍，我加深了对市场的认识，使我能够提供客户真正需要的服务。
>
> 希琳·史密斯

撰写及出版商业书籍可以为你打开一扇门。比如，许多通常难以接触到的决策人会花时间来为其书籍接受访谈。会议组织者经常会特意选择新晋出版过书籍的作家，其中一部分原因是他们认为能够让这些作家免费出席或者能够大幅减少邀请费用。而且，他们认为这些作家会带来新观点。

撰写商业书籍的好处之一是它迫使你整理自己的思想，从而形成你自己的知识产权，但是这个观点并不是所有人都赞同。

案例分析 1

希琳·史密斯（Shireen Smith）一年来一直在尝试通过著书来协助拓展自己的业务。但是她只写好了其中两章，原因是难以投入必要的时间。随后，她加入了相关培训班，学会如何去规划这本书，她对写作有了新的认识。而后她与一名编辑紧密合作，并在 6 个月的时间内每天早上都进行写作。而她在定稿之前，仍然对初稿进行了数次修改。最终，她花了两年的时间终于写完这本书。然而，付出的努力总会有所回报，书籍出版 9 个月后，她的营业收入比以前提高了 3 倍。用她自己的话来说，撰写《合法创建品牌》（*Legally Branded*）这本书是她做过的最艰巨也是非常正确的事情。

没有什么比专题写作更能准确地阐明你想要表达的观点并说明你是如何运用你的技能来服务顾客的了。这一加固认知的过程通常能让你在自己所从事的工作上更上一层楼。很多专业人士一直想写一本书。多年以来，在他们的“目标清单”里都包含了“写一本书”这个目标。毕竟，通过写书获得你的同事、朋友和家人的尊重，确实是值得去争取的。让自己的名字印刷在一本实体书籍上的满足感，也成为他们撰写商务书籍的主要动力。

撰写书籍的挑战

不可否认，撰写书籍会给你带来不错的收入，但挑战也是显而易见的。开诚布公地说，撰写书籍不会为你直接带来名誉以及可观的财富。许多出版的商业书籍作者的每一本著作只能得到 0.5~1.5 英镑的版税。大概 98% 的商业书籍销量在 500 本以下。按照经验来说，任何一本销量超过 8000 册的常规出版商业书籍，以及任何一本通过网络销售并在第一年销量超过 5000 册的自助出版书籍，均可以列入英国当年前 150 位畅销书籍排行榜。换句话来说，在你出版了首部著作之后，不要奢望它能带来多大物质上的回报。

一般来说，撰写商业书籍将占据你的主要精力至少 12 个月的时间。对于自助出版的短篇电子书籍，这个周期可能会短一些。好的作品是需要花时间去打磨的。你可能已经很精于撰写那些简短的篇幅在 500 字左右的博客文章，要把它提升为一本字数在 6 万字左右的书籍，难度完全不能相提并论。想要撰写并成功推介一本商业书籍，你需要在 12 个月内，每周至少投入一天的时间。并非所有的专业人士，特别是那些被雇用的人员，都能抽出时间来专注写作。

就我们对于著书的综合经验而言，写作的进程有时候是难以置信地艰难。可能最大的挑战莫过于当一名作家精心撰写的初稿被编辑退回时，上面大段内容均被红笔标记删除。类似于“太过负面”这类评语确实会挫伤一名专业人士的自尊心。这也是为何如此多有才华的人从来都没有成功撰写出版一本书籍的原因。

撰写以及成功推销书籍的五个步骤

很多首次写书的作家认为，成为作家的第一步是撰写手稿。这其实是写作过程的最后一步。根据过去的痛苦经历，未能完成前面的四个步骤将会浪费大量写作时间。

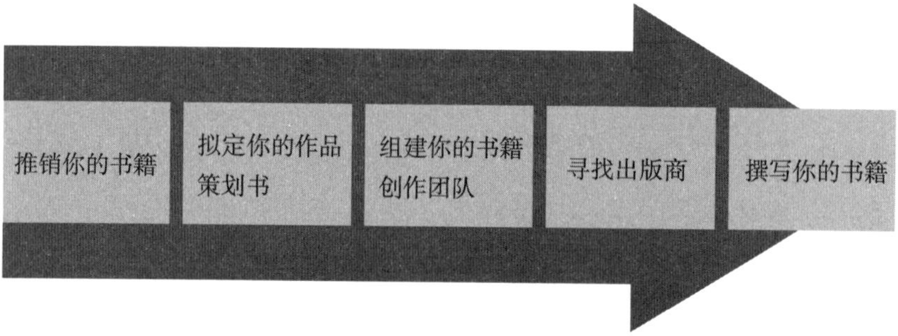

图 6-1　撰写以及成功推销书籍的五个步骤

1. 推销你的书籍

理想状态下，在你决定要撰写一本书之时，就要开始推销它。你需要在自己的社群、朋友以及家人当中预先宣传造势，引起他们的兴趣，渴望去阅读你的书籍。这方面投入的时间越多，你就能获得更高的书籍销量。书籍的宣传推广将与书籍的创作过程同步进行，并在书籍出版后继续推进。

2. 拟定你的作品策划书

你的作品策划书是指关于你著书目的的一份正式说明。在该策划书里，你通过制定一份整体规划来阐述你对于撰写该书的热诚与投入。这份文档也被称之为“启动文件”，它至关重要，就像建造一间新房子所需的建筑方案。

通常来说，作品策划书将包含以下 10 个要素：

1. 撰写该书所涉及的个人以及职业方面的“为什么”；
2. 书籍的市场定位；
3. 三句话电梯演说；
4. 书籍的主副书名；
5. 书籍的简介；
6. 关于书籍读者以及该书如何帮助他们的文字描述；
7. 该书的卖点；
8. 书籍的内容，包括各个章节的详细计划；
9. 关于作者的信息；
10. 你的作者平台，或者是你计划如何去推销这本书。

撰写该书所涉及的个人以及职业方面的“为什么”

你撰写书籍的动机是什么？你是想创作一本简短的电子书来奖励那些在你的网页进行注册的用户，还是想通过精心创作一本印刷书来彰显你的专业技能？你想要撰写书籍的动机将给你提供写作方向，并帮你选择和决定在这项工作上的投入。

书籍的市场定位

许多新出版的书籍，要么采纳既定的主题并加入作者的见解，要么在某些方面扩展当前的思考。或许你的书在市场上是全新的，你会成为探讨某个新主题或新思想的先行者，这可以是幸运也可以是不幸。举例来说，你可能会发现之所以没有人写你提议的这个主题，原因是人们对于这个主题的需求不大或者根本没有需求。

当你对你的书籍进行思考的时候，你的目的是要回答这个问题："你的书籍会有什么不同？"

三句话电梯演说

对于为何人们想要阅读你的书这个问题，你的演说可以帮助你使其原因具体化。理想状态下，这只需要 3 个句子以及 50 个单词。它看似不起眼，但却极其重要，因为它可以帮助身为作家的你彻底地弄清楚你在写些什么并专注其上。

举例说明，以《金融时报商业网络拓展指南》一书为例：此书讲授了那些时间紧迫的精英人士在业务中所需的网络构建技巧。它为你讲述了所有你需知道的通过面对面的方式以及在线社交网络方式有效建立联系的艺术。这种结合了线上 / 线下的方式以及将焦点放在专业人士的具体需求上的做法，让它有别于任何其他关于商业网络构建的书籍。

书籍的主副书名

通常情况下，每本书往往都有一个简短的包含一到三个单词的主书名，然后附上一个长一点的副书名，来描述读者阅读该书后将在哪方面获益。比如：《有价值的内容营销：如何使优秀的内容成为商业成功的关键》《原则性销售：如何在不出卖灵魂的前提下赢取更多业务》《业务翻倍：如何突破障碍，获得更高的增长、营业额以及利润》。

一个引人注目的书名，附上对读者的切实承诺，对于你的书籍取得成功是非常重要的。一个好的书名，可以引起潜在出版商的兴趣，去阅读你的书籍策划书，并促使他们决定是否将你的书迅速推向市场。

如果你知道即使冥思苦想也选择不了一个好的书名，不要担心，你的出版商会帮助你，或者与你的朋友们集思广益，也有可能激发许多创意和灵感。

对于写书的目的以及方法，你可以从以下几个角度思考：

- 你的书决心要为读者做些什么；
- 对读者来说兴趣点在哪里；
- 需要讲述哪些别出心裁的内容；
- 你的书解决了哪些问题，并说明它对读者的重要性；
- 读者将从书中学到什么；
- 你的书填补了哪些市场空白。

想清楚这些，你还需要思考这本书的目标读者是哪些人，你对目标群体的了解程度有多少。此时你可能发现，在本书第 3 章准备的资料里面，特别是关于痛点的内容，将对于思考你的书可以如何帮助目标读者很有所帮助。

书籍的哪些方面将促使它获得成功

此处你开始思考著书的内容和风格：

- 如何组织书籍内容；
- 运用哪些实用方法来使读者获益；
- 你的书籍为这个市场带来哪些最引人注目的贡献？强调那些对读者来说最为有趣的理念、见解、研究、框架、工具或者技巧；
- 你的书中有哪些最能引起共鸣的案例、故事或者例子。

书籍的内容，包括各个章节的详细计划

一份为你的书籍各个章节撰写的具体计划，可以帮你节省很多编辑、思考以及修改的时间。章节计划为你的写作提供结构以及线路图。

当你对内容进行思考时，你需要考虑以下几点：

- 用罗列要点的方式或者用几句话来概括该书的所有章节，并描述各个章节的内容；
- 确定你是否将书籍按章或段来划分；
- 思考一下你是否需要一个序言、综述或者在最后提供总结章节。

关于作者的信息

作者信息对书的封面内容以及“关于作者”部分的内容有所帮助，同时也是你向外界展示撰写一本书的信誉的窗口。

如何去推销这本书

此处你将考虑书籍的营销计划。商业出版商希望在此见到具体的营销计划，你的作家平台越强大，他们代理你的著作的可能性就更高。不妨在你的家人、朋友、同事及关系网络中优先推广你的书，他们是最有效、最直接拉动销售和提高知名度的群体。

一份经过慎重考虑、深入研究以及精心撰写的书籍策划书通常将花上你一周的时间来构思、撰写、编辑及润色。有时候，只是拟定这份策划书就已让人觉得非常困难了。但这一步很重要，是不可避免的。写好一份完备缜密的策划书，你的书就已经成功了一半。

3. 组建你的书籍创作团队

商业书籍一般都不是由个人单独撰写的。像作家一样完全沉浸在作品里并不是件轻松的事情，而更难的是回过头来审慎地评估自己的作品。以下这些角色会帮助你将脑海里的内容整理集结，顺利出版。

图书项目经理

这个角色将负责为你管理从想法概念到书籍成品营销的整个创作流

程。在你的作品出版过程中，你的出版商将提供一名图书项目经理来为你服务，将署名的原稿转化为最终的付印书籍。

文稿代理人

代理人帮助他们的客户寻找编辑并同时起草作品策划书。他们也会代表你向某位编辑推荐你的书籍。代理人一般会希望得到 20% 的书籍版税。但书籍版税不高，负担不起使用代理人的费用。这就是为何许多非小说类的作家不采用代理人的原因。

组稿编辑

组稿编辑是出版社里面委托作者去撰写书籍的人。在寻找作家来跟进他 / 她的清单撰写书籍的同时，该编辑也会兼任其项目清单里任何书籍的图书项目经理以及项目编辑的角色。有些组稿编辑任务清单里的书籍可以多达 50 本，这样的情况并不罕见。

编辑

你的编辑会收集整理你的文字。好的编辑会把它们转化为语言精练、表达清晰的书稿，颇具艺术性地表现出你想要传达的信息。好的编辑可以帮助你从“专家”变为“作家”，而且努力保持你在专题里面的专业知识的完整性。

书评员

这里提到的书评员分为两大类：那些在你写作时帮你检查作品合理性的人以及那些为你的书籍撰写正面评论的人，而他们的评论可能会被使用在书套以及营销资料上。理想情况下，你希望这些出现在书套上的评论是来自于那些在你的利基市场上有信誉和声望的人。

文字编辑

文字编辑负责编辑你的文字内容，检查语法错误以及其他错漏的地方，并确保所有参考和引用的内容以及内容的引导信息的正确性。他也会检查你在书中使用的引用内容是否得到相关方的允许。如果你决定与出版商合作，他们会有一名文字编辑负责审读你的书稿。

排版员

排版员将对你的原稿进行排版，让它的格式适合印刷。如果你决定与出版商合作，他们将为你的书籍选择一套模板，并安排为你的书进行排版。

校对员

校对员会对已排版的原稿进行校对，挑出错别字或者明显的错误之处。通常来说，除了你之外，至少还有其他两人进行校对的工作。你的出版商一般会为你安排专业的校对员。

索引编辑员、插图设计员以及封面设计员

你的索引编辑员以及封面设计员会为你的书籍撰写索引和设计封面，一般来说，他们会由你的出版商为你安排。你的插图设计员将对你在书中提供的所有的插图、图表以及图片进行重新绘制。他们通常也是由你的出版商提供的。

4. 寻找出版商

如果没有出版单位主动找你约稿，那在你写好策划书时，就要寻找一名出版商。在接收到的策划书总数中，有超过 95% 会被出版商拒绝。

以下所列内容，是提高你的策划书文档能够被阅读以及接受概率的一些技巧。

- 通过与某家出版社有合作关系的作者来把你介绍给他们的组稿编辑，这将增加你的策划书被尽快阅读的可能性。
- 当你把策划书寄给组稿编辑之后，不要再为该策划书去打扰组稿编辑。如果对方欣赏你的策划书，他们自然会主动联系你。
- 根据你想要写的书籍类型，联系相应的出版商。许多出版商的网页都有一段写给作者的内容，说明他们可能会代理哪些类型的书籍。
- 在出版商的网页上找到他们的组稿编辑的电邮地址，与他们邮件联系。
- 从出版商的网页上下载对方经常使用的策划书模板，将其应用在你的策划书中。
- 请记住，很多组稿编辑的“清单”是有限制的——也就是说，他们同一时间处理的书目数量是有限的。如果他们当年的工作清单已经排满，即使你可能会写出另一本《高效能人士的 7 个习惯》(*7 Effective Habits*)，他们仍然不会为你提供组稿服务。
- 很多非小说类的组稿编辑会希望直接与作者合作，不需通过文稿代理人。
- 在你的策划书里投入至少 25% 的篇幅，为你的书籍构思一个商业计划。请记住，你的出版商希望从你的书籍中获利，而不仅是帮你通过出书来出名的。

让出版商主动联系你去写书

把你的书籍委托出去并顺利出版确实是一项困难的任务。但是，正如李 • 邓肯（Lee Duncan）在撰写他的作品《让你的业务翻倍》(*Double your Bussiness*) 时发现的，出版商会不时地联络专业精英，看看他们是否有兴趣写书。活跃且拥有高度参与群体的博客撰稿人一般都是组稿编辑喜欢的目标。不管你是否与出版商合作，在他们为你的书籍进行代理前，你仍然需要撰写一份强有力的策划书，清晰阐明它将给出版商带来的商业效益。

5.撰写你的书籍

如果你在写策划书时已经构思好如何为每一章节创建具体的内容计划，那么撰写书籍就会变得更加容易。书稿一气呵成是最理想的，尽量减少重写和冗长的编辑过程。

技 巧

使用 Microsoft Word 来撰写原稿可以免除很多麻烦，避免格式上的问题，它是出版行业使用的标准文字处理软件。

以下这些技巧可以帮助你更好地完成自己的写作计划。

- 与优秀的编辑合作。有别于作者只见树木不见森林的局限性，编辑对于写作全流程带着批判性的视觉，而且不会陷入一些微小细节中。编辑不但会在细枝末节上为你提出意见，而且也会在结构性的问题上提出建议。
- 与合著者进行合作有助于分担写作任务，但在决定之前你要有一个具体的内容计划。否则你在撰写文字上节省的时间通常会被共同合作、评论对方文章以及对双方撰写的内容进行无缝融合上所需的时间给抵消。
- 找出一个才思敏捷的时间段。人们可能发现，他们在某些时间里具备更高的写作效率。《有价值的市场营销》一书的合著者莎伦·坦顿连续几周内每天都在 6：30 分起床，利用这段时间去撰写她的书稿。而她的合著者索尼娅·杰弗逊发现晚上写作更顺畅。
- 写书所需的时间可以预留的长一些，但一定要确定你的截稿日期。然后在写作时间表上再增加一个月的时间，用于应对突发事件、假期、写作瓶颈以及处理客户的需求。一般来说，书前面 25% 的内容将需要投入 50% 的时间去撰写。

- 如果你苦于难以下笔，不妨把你想到的语句先写下来，这样可以让你在这些文字的基础上进行改善。
- 给自己设定最后期限。这是否是真的时间底线并不重要，它能帮助你集中精力专注在写作上。出版合同也会为你设定最后期限。如果你是自助出版，可与其他人合作来确保你能按照出版的时间计划来完成写作。
- 充分利用假期或日常工作之余的时间来写作。本书的大部分内容就是希瑟利用复活节期间的两周假期撰写的。可以说，此书超过一半以上的内容都是在这两周内完成的。
- 每当完成撰写一个章节的内容，请奖励一下自己。完成一个阶段任务就能得到激励性的个人奖励，你会惊喜地发现这会让你更加专注于写作。
- 录音并抄写整理你的访谈内容，把它作为你的调研材料撰写入书中。这为你的谈话建立了一份永久性记录，而使用抄录的方式可以让你更容易找到简练恰当的语录并将其引用贯穿全书。它让你免于在谈话过程中忙着进行笔录，从而可以专注在你们的谈话内容上。
- 说做就做。当写书对于你来说只是“应该”而非“必须”时，拖延将是惊人的。为自己订立一个每天或每周的字数目标。确保你达到所设定的字数之后再去做其他事情。最难写的段落是开始的第一段。当你完成了这个段落，后面的写作就水到渠成。
- 不需要严格按照你的内容计划里设想的细节去进行写作。在你进行调研及写作过程中，它将开始具体化。这是很正常的，在写作过程中你可能需要调整章节结构和内容。
- 告诉大家你正在着手写一本书，以此来增强你对写书的承诺。食言带来的羞愧感将切实地提醒你要做到言出必行。

如何确定是采用常规出版还是自助出版

在你写书的最初阶段，你最需要做的决定之一就是考虑是要与出版商合作还是选择自助出版。两种方法都各有优缺点。对于是使用常规出版还是自助出版的决定从来都不是那么直接明了的，它其实需要根据你的个人情况而定。

常规出版

优点	缺点
出版商及其团队知道他们要做些什么，因此他们将在整个著书出版流程中给你提供指引	典型的出版商将用 4~9 个月的时间来撰写你的书并将其出版上架
出版商承担让书籍付印过程中的所有初始风险和成本。他们将支付书籍撰写出版过程中涉及的印刷、设计、交付以及项目管理费用	当你与出版社签署合同时，你就失去了部分的所有权
作为第一次出书的作家，你可能会得到 1~3000 英镑的版税预付金	版税通常相当于纯收入的十个百分点，根据你的书籍零售价，这个金额不会很多
出版商可以通过传统渠道让你的书得以进入更多全国性与国际性的书店和批发商，这是单凭你个人无法做到的	很多作家错误地相信，如果他们出版书籍，他们同时会获得出版商的庞大的营销机制的支持。实际上这个机制通常是小得可怜而且是为多个主题服务的
与某些大型的传统出版商合作会为你带来赞誉和信誉的提升，在这方面，自助出版是难以企及的	你的出版商对你的书籍有控制权。这可能意味着他们或许想要改变你的书名，甚至是你写的内容以及你写书的对象
出版商对书籍的市场预期会让他们与你定下一个时间紧迫的截稿日期。而这个最后期限对你的写作所起的激励作用是令人难以置信的	很多出版商并不会专门应对利基市场的需求。他们想代理一本具有广泛市场吸引力的书。通常，他们会希望你在策划书中证明你的书能够让他们轻松达到超过 2000 册的销量

（续表）

优点	缺点
通过自助出版或常规出版写出来与印出来的质量通常有着显著的差别。自助出版的书籍质量通常都会差一些	
他们负责与书籍销售相关的所有付印、配送以及订单履行等工作	

自助出版

优点	缺点
它是真正的属于你自己的书。你自主选择它的风格、面向的读者、书名、外观、感观以及书面设计	当你写完了你的书，你仍然需要进行编辑，设计版面，对书籍进行校对和排版，然后找一位封面设计师，印刷厂以及找人帮忙储存你的书籍。寻找和管理这样的团队需要投入时间
由于它是属于你自己的书，你或者你的公司就会获得书籍销售所得的所有收入（记住，对于你销售的每一本书你需要把印刷、仓储以及执行成本这些因素计算入内）	如果你希望自己的书籍无论在写作以及外观和感觉上给人留下一个“好书”的印象，这需要你预先投入资金。大概需要花费至少 3000 英镑的金额去撰写和出版一本高质量的印刷书籍
为客户和潜在客户提供更便宜的书册。很多出版商会为他们自己的作家提供该书籍的建议零售价 50% 的折扣	
现在已经有很多中间商可以帮助你应付繁重的工作。正如 CreateSpace 这样的公司将为你提供特别划算的按需印刷服务，这样你就不需要为印刷、订单履行或者配送担忧	

一点警示

使用捷径让你的书籍得以快速和廉价地创作出来是非常吸引的。但我们要告诫你千万不要这样做。毕竟，如果你准备投入时间和金钱来撰写和出版一本书，你有责任尽自己所能去为自己创作一本尽可能优秀的书籍。一本内容拙劣、结构松散或者编辑粗略的书籍只会损害你的信誉。

目标强化

小　结

商业书籍经常被称为你能获取的最佳商业名片。商业书籍作家希望从中获得尊敬和信誉。同时，通过写书，你可能会找到一条捷径来快速成为专业精英。从过去的经验来看，如果你想成为高收入的专业演讲家，你需要一本署有你名字的书，这样你就更有可能获得成功。

撰写书籍的流程包括五个步骤：

1. 推销你的书籍；
2. 撰写你的作品策划书；
3. 组建自己的书籍创作团队；
4. 寻找出版商；
5. 撰写你的书籍。

行动要点

1. 向其他作者请教他们关于写书的经验，记录下他们的建议，并向他们咨询需要避开哪些陷阱，借鉴他们的书籍策划书。

2. 如果你在某家公司上班，征询一下决策人的意见，看他们是否能在时间和资源上为你的写作提供支持。

3. 查看你的商业书架。问问你自己，最好的书与其他书之间究竟有何差别？这些书的作者和出版商在哪些方面有过人之处？

修炼 7

演讲，成功之路的必修课

本章摘要

- 为何需要把宣讲加入你的营销组合；
- 公众演讲与陈述演示的区别；
- 如何设计演讲来帮助你达成目标；
- 如何发表有影响力的演讲；
- 如何克服紧张情绪；
- 你的演讲者工具包里包含的内容；
- 如何有效保证演讲的参与度。

> 要传播你的信息，你必须参加演说。
>
> 希琳·史密斯

获得专业精英地位的传统方式是先著书，然后在大会和活动中发表演讲。然而，公众演讲通常是令人畏惧的。许多专业人士宁愿在无麻醉的情况下去拔牙，也不愿意进行公众演讲，更不要说在大会开场时发表主旨讲话。本章将让你具备相关的能力，确保你的演讲投入度以及发表一篇充满活力以及引人入胜的主题演讲。

为何需要把宣讲加入你的营销组合

公众演讲，或者进行相关的演示，通常不会列在大部分专业人士的

“要务”清单。毕竟，站在几百号人前面演讲是一件让人胆怯的事情。然而，我们相信，如果把演讲放入你的营销组合，你将获得很多优势，比如：

- 获得与众多决策者以及你的客户在同一地点、同一时间进行交流的机会；
- 可能获得很可观的出场费，比如，一名优秀的专业演讲家，在他们的顶峰时期，每次演讲可以收取超过 5000 英镑的费用；
- 会议组织者将使用你的详细信息以及信誉来宣传他们的活动，这同时也帮你树立了良好的形象；
- 获得与其他演讲者在活动上建立关系网的机会；
- 获得参加那些你的利基市场目标群体也会出现的会议的机会；
- 无论在讲台上，或者在演讲之后，与观众沟通互动时均有可能获得销售你的书籍以及服务的促销机会。

公众演讲与陈述演示的区别

公众演讲与陈述演示之间存在着细微的区别。其区别在于相关技巧的使用。如果你正在发表演讲，通常会希望毫无干扰地站在观众面前来演讲，除非你提出问题进行现场讨论。实际上，很多演讲者被视为激励者、信息提供者以及现场娱乐者三位一体。好的演讲者不会使用任何讲稿，普遍通过讲故事的形式来表达他们的观点，也会使用视觉媒介组合（音乐、视频、图片）来增强他们的信息传达效果。用它与典型的演示来对比一下。演示经常会发生在一个不那么正式的环境里，它会在一间挤满了同事、客户或者潜在客户的小房间（或者大房间）里进行。而演示者通常会借助图表、讲义、幻灯片等视觉手段来辅助他们的演示。简单来看，演讲者将会被要求发表主题演讲，而演示者将会被要求演示一个题目。

两种不同类型的演讲者

演讲者通常指的是“内容”演讲者或者“激励型”演讲者。

内容演讲者会经常与观众交流他们的专题。比如蒂姆•勒斯科姆，他就是著名的企业财务方面的演讲者。

激励型演讲者会使用他们生活中的某些经历来启发观众。比如罗里•麦肯锡（Rory Mackenzie），他是一名截肢军人，他用自己受伤后仍然为英国军队服役，并且准备划船横渡大西洋的个人经历，来向他的听众表达清楚两个关键的观点：成功是一个决定，而激励是可选择的。

如何设计演讲来帮助你达成目标

很多企业似乎相信，发表演讲的第一个阶段，是要先准备一套幻灯片。在我们看来这错得离谱。如果你确实准备使用幻灯片，它将会是设计流程的最后一步。如果你遵循以下这九个步骤流程来设计你的演讲，相信它会帮助你达成目标。

步骤一：确定你希望从演讲中获得什么

你被邀请发表演讲一定是有原因的。邀约你去发表演讲的邀约者，将会告诉你他们希望你在活动中的演讲能获得怎样的效果：是提供信息/劝说/销售/启发，还是请求行动？目的究竟是什么？你可能会发现，你的邀约者脑海中已经为你的演讲准备了一个题目。

步骤二：开展听众分析

现在你已经知道了自己的演讲目标，下一步就是去研究你对听众的了解程度，以及你的邀约人可以为你提供听众的哪些信息。这里你可以参考以下几个问题：

- 你对听众的了解有多少？
- 谁是主要的决策人？
- 什么会让听众聚精会神地聆听?
- 对于这个演讲，观众得到了什么承诺?
- 你的听众喜欢接收信息吗?
- 你的听众喜欢哪类演讲风格?
- 其他的演讲者将会演说什么内容?

根据以上问题的答案，你可以明确自己演讲的内容以及节奏。

步骤三：确定最多不超过三项的主要内容

卓越的演讲者，通过讲故事的方式来传递他们的信息。故事有更强的代入感，可以让听众更专注，记忆也更深刻。通常，他们会使用以下类似的结构来展开故事：

- 描述故事；
- 从故事里提炼出关键点；
- 提供一个相关的例子；
- 邀请听众采取行动。

你可能会想，为什么主要内容最多不能超过三项?

研究表明，人类天生具备的记忆功能只能有效地记住三项，或最多不超过四项内容[①]。如果增加更多的观点或内容，你会发现听众将忘记关于演讲的论点或内容，促使听众采取行动的论据将因为论点的淡化而产生负面影响。

---

① 怀斯曼 • R（Wiseman，R）（2010），《59 秒：小思考，大变化》（59 *Seconds*：*Think a Little*，*Change a Lot*），伦敦：麦克米伦出版公司。

当你在设计演讲主题时，你的目的是构思并组织好内容，让每个故事都能融入其中，并有逻辑性地过渡到下一个故事。当听众投入越多的时间去思考你为何要讲述某些事情时，他们对于你实际所说内容的思考就会越少。

你被邀请去发表的演讲一般都会超过 20 分钟。想要让听众在你演讲的全过程中保持高度的专注，你可能需要改变一下演讲的节奏，比如，可以增加问答环节；让听众进行互动演练；播放一段视频剪辑等。

步骤四：撰写你的开场白

你展开演讲的方式很大程度上决定着你在讲台上投入的时间会得到怎样的效果。在开始的一分钟之内，你的听众将决定给你的演讲投入多少注意力。要以吸引人的方式开始你的演说，你可以要求活动主持人向听众介绍你以及你将展开的演讲内容。为活动主持人撰写介绍的脚本，让他帮你建立与听众之间的信任。理想情况下，你的介绍内容里应该包含一个引子，引导听众开始思考并吸引他们继续聆听。

当你开始演讲之后，你的首要目的是要建立与听众的融洽气氛，从而有机会去讲述你的故事。在你获得机会去讲述自己的故事之前，使用过多的“我”或者“我们”这些字眼，很有可能会破坏你与观众之间初步建立起的融洽气氛。

以下是两种主要的不同类型的开场方式：

首尾呼应，是你以一个故事的开端或者以向观众提问来开启你的演讲的方式。通常会在演讲结束时回答这个问题或把故事讲完。

故事，在此你将讲述那些你认为会吸引听众并有助于与他们建立融洽气氛的故事。通常你会先讲述故事最精彩的部分。

在你开始演讲并与听众建立了融洽气氛之后，可以为听众预告一下他们将从你的演讲中学到什么。

步骤五：撰写你的结束语

这是你演讲的最后一部分，和开场一样重要，都需要巧妙地表达。

回想一下你的演讲目标。

- 通过演讲，你希望听众做些什么？你能让他们采取什么行动来帮助你达成演讲目标？这些都需要在你的结束内容上体现出来。
- 你希望尽可能地将你的演讲结束部分与开始部分联系起来，并为你的演讲画上一个完美的句号。想一下你怎样才能做到别出心裁？如何让听众对你印象深刻？你或许无法像西莉亚·德兰尼（Celia Delaney）那样以一首歌（高音 E 调）来结束她在 2013 年度专业演讲家协会春季大会的演讲，但你最好也能以比喻式的高调来结束演讲。计划好你在结束演讲时要说些什么内容并全力以赴。

除了挑明你希望听众采取的行动以外，你的结束语需要包括：

- 对演讲的关键内容点进行总结，说明这些内容如何让听众去获得你在演讲开场部分提出的那些好处；
- 提供机会让听众提问。

步骤六：撰写你的过渡语句

在你的演讲中，过渡语句是那些用于引导听众的简短句子，让他们知道你正处于演讲中的哪一部分，而且预知你接下来要讲什么内容。这些提示可以帮助你的听众确定自己的思路是否能跟上演讲的进度，并且让他们更加专注。

常用的过渡语句包括：

- “现在，我们已经完成了检验……，我们准备讲……”
- “我现在已经完成了该主题演讲的主要部分并准备进行总结。”

步骤七：确定什么时候以何种方式进行问答

根据以往的经验，听众的提问是需要被鼓励的。当听众提出了问题，这也说明他们在倾听并思考你所说的内容。但是，作为演讲者，你需要引导听众，让他们知道你希望通过什么方式、在什么时候进行答疑。在演讲过程中进行答疑或者把问答环节安排在最后阶段各有利弊。一般来说，如果你的时间很紧，或者你在演讲时并不是很有信心，问答环节最好安排在最后。

技 巧

预先准备好一些问题给活动主持人，从而开启答疑环节。

步骤八：是否使用幻灯片

这确实是一个在演讲者之间颇具争议性的问题。当你决定不使用幻灯片，你会意识到你的听众只能依赖听觉来获取信息。这使得听众难以掌握关键概念，也难以理解论点展开的过程，或者不容易记住一些主要的事实。因此，有节制地使用幻灯片，有助于增强语句的情感影响力，并且能够加深记忆和理解。正如人们常说的，一图胜千言。

不要尝试把你的讲稿写在幻灯片上。幻灯片的存在不是要帮演讲者来记住自己要讲的话！如果你把自己的讲稿写在幻灯片上，你会阻碍听众的回忆力以及理解力，因为在这种情况下，大多数人都在苦于将注意力在听觉与视觉间的频繁切换。

好的幻灯片应该具备以下特点：

- 配上能反映相关信息而且生动有趣的图片；
- 使用图形来解释复杂的概念；
- 运用对比并让听众参与其中；
- 即使在会场后端都能清晰地读取；
- 能够推广你的品牌，比如标识、联系方式、社交媒体档案，这些可能在你的演讲开始之前或结束之后显示。

步骤九：整合你的演讲内容并将其关键点整理到索引卡上

除非你是经验丰富的专业演讲家，已经发表了上百场主题演讲，否则你就需要某种形式的讲稿来让你保持良好的演讲状态。索引卡用于提醒你一些关键语句或过渡语句。索引卡相较于单页纸的优势在于，当你处于紧张状态下，手会出现轻微的颤抖。这时，如果你手上拿的是一张纸，颤抖就会变得非常明显，听众很可能会捕捉到这些细节。

如何发表有影响力的演讲

你的演讲设计得好不好，或者你传达的信息是否令人惊叹，这些都不是最重要的，如果你的演讲没有影响力，那将是毫无意义的。让我们用类比来说明，你会拿起一本破旧的、看起来枯燥无味而且封面设计非常糟糕的书吗？如果这本书的印刷质量还很差，里面有很多错别字，你根本不会对这本书产生任何阅读的兴趣，只会令你反感。同样地，你的演讲技巧也是如此。如果你不能充满自信地进行演讲，把你的内容简明扼要地传达给你的听众，他们将对你的演讲感到兴致索然。

目光接触

作为演讲者，你需要与整个会场的人进行目光接触。正如演员在座无虚席的剧院进行表演一样，请确保你的目光触及到会场后面。不时地与听众中不同的人进行眼神交流，每次三秒钟左右，并不时地缓慢扫视会场。

> **技 巧**
>
> 如果你感到紧张，可以在听众中寻找一张友善的脸孔并与他们进行眼神接触，他们几乎会一直与你微笑，这样可以提升你的自信心。

停顿

停顿的使用是极为强大的一项演讲者手段。适时的停顿可以：

- 增强故事的情感张力；
- 帮助你整理好你的思绪；
- 缓和你紧张的情绪；
- 让听众有时间去消化你讲述的上一个观点；
- 让故事更紧凑。

如何站立

当你进行演讲的时候，不论你的内在感受是怎样的，都希望能在外表上给人一种自信的感觉。你的站立方式对于你的外在表现有很重要的影响。在演讲时需要站直，不要交叉手臂，要让自己显得自信和可靠。

你的语调

你的语调是使得听众继续聆听并让你的信息得以传达的主要手段。用单调的声音进行演讲时是那么枯燥无味。演讲者如何吸引并始终保持听众的注意力呢？我们并不建议你去使用不属于自己的声音或者模仿其他人的声音，而是让你尝试在话语中增加一些语调、音量以及语速的起伏。比如，如果你想强调一个关键词或语句，你可以在传达这些语句时大幅度放缓语速。加快你的语速也可以有助于为你正在演说的内容注入一些热情和激情。真正优秀的演讲家，在演说时会在语调中加入适当的抑扬顿挫，以便做到：

- 增强这些语句的情感影响力；
- 鼓励听众并让他们得到激励以及准备好去采取行动；
- 阐明他们所说的内容；
- 把听众吸引进他们的故事里。

技 巧

录下你演讲的声频，回放并听一下你的声音，找出需要改善的地方，了解如何通过改善语调的使用方式来提升观众的参与感。

着装得体

就像生活中的很多事物一样，当你知道你看起来是怎样的人，通常你会向别人展示你就是这样的人。假设你正在自己的演讲会并置身于听众之中，你希望演讲者如何穿着呢？假如你在某大会上进行演讲，大家会期望你是西装革履的。但是，如果你是面向一群儿童进行演讲，你或许倾向于让你的外表更亲和一些而选择穿一些醒目的休闲服装。

> 最糟糕的演讲者是那些穿着极不得体的人。
>
> 盖·克莱普腾

答疑

当你的听众向你提一些非常浅显的问题时，这意味着他们对于你所

> 充当司仪并站在会场的前端为我的职业网络和协会主持活动，使得我的曝光率增加，形象和信誉得到提升。
>
> 蒂姆・勒斯科姆

说的内容感兴趣。提问也让你有机会去处理一些不同的意见，或者更详细地去解释某个内容点。但是，很多演讲者都害怕答疑，因为这一环节是事前没有演练过的，答案是没有底稿的。有时你会在公共场合被问到一些你回答不了的问题，比如一个非常具体的技术或法律问题。如果出现这样的情况，要坦诚并承诺日后将为提问者解答疑问。当你被提问时，理想状况下，你应该遵循以下流程：

- 澄清你已经正确理解了这个问题；
- 复述问题以便听众能听到这个问题；
- 回答这个问题；
- 确认问题的回答是否让提问者满意。

技 巧

·要让听众积极提出问题，在你演讲结束时可以用这句话来开启问答环节“我发现大家经常想问我的一个问题是……”；

·在你设计你的演讲时，预计一下听众可能会提出的问题。要么把问题的答案穿插在演讲内容中，要么提前把问题的答案准备好。

练习，练习，再练习

大多数人在演示或进行演讲时感到紧张不安的主要原因是他们没有投入足够的时间去进行准备和演练。把以下这些行动作为你练习的一部分：

- 用视频记录下你的演讲实况并进行回放观看，记录下那些你可以改善的地方；
- 把演讲开始时头 3 分钟和结束前 3 分钟的内容反复进行演说练习，至少 10 遍。这样有助于牢牢记住演讲的开场和结束部分的内容，这样你就可以自信地开场和结束，避免因神经紧张而出现声音颤抖的情况。

如何克服紧张情绪

对很多专业人士来说，公开演讲或者发表演示是如此的让人心惊胆战，他们几乎愿意做任何事，除了演讲。但逃避并不是最好的策略。以下这些技巧有助于你战胜在演讲中的紧张情绪。

- 多进行一些公开演讲，次数越多，恐惧就会越少。如果你有机会就同一个主题进行多次演讲，那你的演说就会变得非常顺畅；
- 在你的日程安排中留出一些时间来准备和练习你的演讲。人们通常在没有提前准备和预先演练的情况下进行演讲。如果你知道你即将要发表演讲（或者演示），在你的日程安排中多预留一些时间来重点思考你将说些什么内容以及你如何去说。
- 你的演讲在内容以及辅助工具方面越简单，就越不需要担心它出现问题。
- 在开场之前深呼吸，三到四次深呼吸并在吸气时慢慢数到三，然后在呼气时也缓慢地数到三，这样有助于你在演讲开始前集中精神。
- 想象演讲顺利进行的情景。在你准备开始演讲之前，花一点时间来想象一下这个场面：主题演讲进行得特别顺利，而且听众向你微笑并赞同你所说的内容。
- 我们会感觉紧张是因为我们从来没有进行过正式的公开演讲、培训或辅导。一门好的课程或者辅导将让你感觉到作为公开演讲者的自信，并为你发表的主题演讲提供积极的经验。
- 如果你在台上突然间感到紧张时，要做点什么来平复紧张的情绪，无论如何不要中断你的演讲。举例来说，你是否可以喝一口水来调节一下节奏，看一下你的讲稿来稳定你的情绪？又或者你可以提个问题或者做一些互动？这些动作让你可以争取一些时间来稳定情绪并平静下来。

案例分析 1

蒂姆（Tim）是一名在业务外包领域声誉斐然的专业顾问。因此，他经常收到邀请去一些大会上进行演讲。他以前讨厌在会议上演讲，而且即使事前进行了诸多准备，当他站在讲台前，他经常感到自己的神经不受控制。然后，在某次会议上，一切似乎都变得豁然开朗。他成功地控制住紧张情绪，听众在他预想的地方发出笑声，许多人提出了问题，而且一些非常感兴趣的潜在客户在演讲结束后找他征询，问他是否可以在他们公司的董事会上进行演讲。现在他每次进行主题演讲时，都会记起那次会议，如今他已经可以在演讲中控制好自己，不再紧张。现在，对于蒂姆来说，演讲是令人愉快的经历，而非一件要尽量避免的麻烦事。

你的演讲者工具包里面应该包含哪些内容

你的演讲者工具包，通常来说，是你的个人营销工具箱的延伸。它将包含能帮助你得到演讲邀请所需的一切事物。在你的个人营销工具箱的内容以外，它还包括：

- 你的演讲录像；
- 你的标准主题演讲细节；
- 作为演讲者，客户对你的评价。它们是由一些非常满意的大会组织者和听众群提供的书面和视频形式的评价；
- 你的单页提要或演讲稿；
- 你为会议主持提供的简介；
- 你的标准演讲合同；

- 你需要大会组织者为你提供的设备，如投影仪、麦克风等。

你的演讲录像

演讲录像是简短的视频剪辑，展示你曾经进行过的演讲的过程。全球演讲家联盟前主席艾伦·史蒂文斯发现，所有主要的演讲家机构观看你的演讲录像最多不超过 30 秒。你需要确保在视频里面捕捉到你在为一大群听众进行演讲的镜头，而且在镜头里听众对你的回应是积极的——掌声雷动或是满堂欢笑。

> 如果你没有质量好的视频来展示你进行过的演讲情况，那么你就很难收到邀请。
>
> 艾伦·史蒂文斯

你的标准主题演讲细节

你的主题，或者演讲题目，是你准备演说的话题。理想情况下，这些主题需要与你的专业技能联系起来，并且是你的理想客户想要听的内容（详见修炼 2）。报告主题可以建立在你写的一篇文章、书籍的部分内容，或者你的利基市场里一个热门话题的基础上。大型会议可能会要求你填写一份提案文档，列出演讲主题的目标和学习点以及你的演讲提纲。对于任一潜在的邀请人，你至少应该向他们提供可供自主选择的演讲主题，为观众准备的讲义，以及主题演讲的扼要大纲，里面就包含了听众的学习点。

客户评价

对于会议或活动组织者来说，预约演讲者也是一项高风险的行动。在他们为会议预约演讲者而联系你之前，他们一般都想获得一些证据，以证明你有能力为他们的听众发表演讲。因此，对于那些你从会议组织者、客户和听众处收到的评价，不管是书面内容还是视频，你要让这些评价易于获取。

你的单页提要或演讲稿

以下是所有与你的演讲者信誉相关的单页文档：

- 你的个人简历；
- 你的照片；
- 演讲主题以及简明扼要的大纲；
- 书籍出版以及文章发表的信誉，包含一幅你最新出版的新书封面图；
- 客户对你演讲的评价；
- 你的联系方式，包括能够观看你的演讲视频的网址。可参考第 4 章关于单页文档的内容。

你的简介

正如之前我们在本章中提及的，预先准备好你的简介，不要靠运气。这是一次你让听众从第三方的介绍中认识和了解你的机会，而不需要你自己进行自我吹嘘。准备好你自己的简介，让会议组织者可以随时从你的网站上下载。在演讲当天，随身携带一份简介的复印件，需要使用大号字体，以便活动主持人能够容易读取。

给大会组织者的指引

当你出席活动并发表演讲，你需要他人提供哪些设施？比如，你是否需要一台投影仪？在会场后部摆放一张桌子用于陈列书籍？是否需要安排茶点？

你的标准演讲合同

作为一名演讲者，你会经常使用一些条款和条例。被聘请为演讲者应该是与你的日常工作迥然不同的一项服务或收入来源。因此，作为一名演讲者，你有必要订立一些具体的合约条款。条款应该包含以下要点以及其他相关内容：

- 撤单费用；
- 是否允许对你进行录像，如果可以，他们可以如何处理这些视频片段；
- 对方为你提供各类相关设施的义务。

如何顺利获得演讲机会

绝大多数专业人士认为获得演讲机会是由于：

> 要被邀请去进行演讲，你只需要两样东西：关于你的演讲及其愉悦听众的简短视频片段，以及通过你的关系网络发起的推荐。
>
> 艾伦・史蒂文斯

- 他们关系网中的推荐，特别是那些听过他们演讲的其他演讲者的推荐；
- 大会组织者再次邀请他们进行演讲或者把他们推荐给其他发言人；
- 某家演讲机构或者代理人为他们安排的演讲；
- 他们在某家企业的角色，特别是当他们或者他们的公司有一些引人入胜的故事或者专题信息可以讲述时。

案例分析 2

“激活培训地带”（Training Zone Live）是在 2012 年奥运会举办前两个月在英国伦敦举行的培训师大会。大会组织者为应邀在会议开场和结束时讲话的演讲者选择了一个奥运会的主题。这是一个负责主办奥运会的组织，其人力资源总监为此次大会做了开场演说。而会议结束部分则由英国杰出的奥林匹克选手史蒂夫・巴克利负责。

会议组织者或邀请人通常会因为能够邀请到一些令人放心的演讲者而感到自我满足。因此，他们经常通过观看演讲视频、查看在线档案以及阅读客户评价来了解目标演讲者的情况。

你可以通过以下方法来使自己获得邀请：

- 在你个人网页以及领英档案等网络资源上打造自己作为演讲家的品牌；
- 准备一个演讲者工具包，可供邀请人随时调用；
- 加入本国的专业演讲家协会并进行练习（对于英国人，我们极力推荐专业演讲家协会）。

我应该通过演讲者机构来获取演讲机会吗

演讲者机构或者演讲者代理人可以帮助你获得演讲机会。然而，大多数的机构倾向于关注寻找那些能让演讲者进行书籍宣讲的机会，他们知道这类型的演讲比较容易向大会组织者推销。因此，如果你不具备足够大的影响力，没有经常演讲的经验，或者不能从演讲中获得高的报酬，那大部分的演讲者机构都不值得你去进行注册。你或许会发现聘用演讲者代理人可以在演讲费磋商时对你有所帮助。

我应该免费演讲吗

演讲者协会把免费的演讲机会称为“展示”。只有你自己才能决定是否免费演讲或者收取较低的费用。在充分掌握演讲家的相关技巧之前，你应该明白此前自己所进行的大部分演讲都只是在进行费用投入。然而，在以下这些情况下，演讲家会提供免费的演讲或者大幅减少收费：

- 会场中的听众中包含众多的潜在客户；

- 他们想尝试讲一些新的内容；
- 这次演讲极有可能带来更多的演讲邀约或者高报酬的客户工作；
- 聘请演讲者的机构能够为他们提供实质上的帮助。比如，在邮寄清单上对演讲者进行宣传；
- 他们希望提高自己的演讲能力；
- 他们能够在活动上向潜在客户推销书籍；
- 他们希望通过在活动上演讲做慈善。

目标强化

小　结

在你的营销组合里面加入演讲这项内容，是一个很好的获得高报酬以及在潜在客户云集的会场进行演讲机会的方法。想要获得演讲邀约，你需要：

- 能够展示你让听众愉悦以及投入的一些简短视频；
- 一个演讲者工具包；
- 稳定的推荐量。

行动要点

1. 在网上搜索那些对你的利基市场进行类似主题演讲的人。找出他们通常演讲哪些主题，可能的话去现场听听他们的演讲。你可以从这些研究中学到什么？大会所需要的演讲主题是哪些？你可以演讲的三个主题是什么？

2. 如果你不善于当众进行演讲，可以加入本地的演讲俱乐部去提升你的演讲能力。

3. 如果你乐于进行演讲，那么请加入你们当地的专业演讲家协会，将自己从一名有能力的演讲者变为专业的演讲家。

4. 为自己创建一页演讲稿。

5. 撰写你的简介并提供给活动主持人使用。确保在活动当天把简介的复印副本提供一份给主持人。

6. 创作三场不同主题的演讲，致力让你的目标受众乐于付款参加，这些主题演讲的时间可以是 20 分钟、45 分钟或者 90 分钟。

7. 在你的网站上添加一页关于你演讲主题的内容。

8. 把你作为演讲者的情况更新到你的领英档案上。

9. 下次当你在活动上演讲时，请朋友帮你录像。对视频进行回放，并找出下次演讲时需要改善的三个方面。

10. 请求演讲的活动组织者为你提供可以用在营销资料上的客户评价。

11. 对演讲进行专业的录像。

12. 如果你发现难以从活动演讲中获得报酬，可以聘请一名演讲代理人来代表你争取利益。

修炼 8

运用公关去开启机会之门

本章摘要

- 可供运用的各种公关方式；
- 媒体在寻找什么；
- 如何组织你的公关活动；
- 如何成功向媒体投稿；
- 什么是新闻简报以及你为何需要它；
- 如何让自己成为新闻从业人员经常联系的对象；
- 如何让自己在电视、电台中亮相或拥有自己的专栏；
- 监测你的媒体覆盖率；
- 如何通过公关赢取商机；
- 亲自上阵还是聘用专业的公关人员。

通过媒体树立形象及增加曝光率，事实上比多数人所认为的要简单一些。本章将为你展示如何通过线上线下新闻、电台和电视来开展公关活动以增强你的形象。

> 在任何你能使用的媒体上释放你的信息，因为你永远不知道谁会在听。
>
> 艾伦·史蒂文斯

可供运用的各种公关方式

公共关系，英文简称为 PR，它在《科林斯英语词典》（*Collins*

English Dictionary）中的定义是“在公共机构或者公众团体等公众中创建、推广或维持美誉度以及良好公共形象的活动。”

社交媒体既为专业人士提供众多可供采用的媒体渠道，也为他们在每个渠道中提供了可以运用的公关方式。

你可以采用的渠道包括：

- 电台；
- 电视；
- 全国性或当地的报刊；
- 行业刊物；
- 在线杂志、文章网站以及网上社区；
- 博客；
- 新闻快讯；
- 视频分享网站，比如 YouTube 和 Vimeo；
- 音频分享网站，比如 Audible 和 Soundcloud。

你为媒体所写的文章、制作的视频或档案一般可划入特定分类，包括：

- 新闻条目，比如某个条例的修改；
- 一篇分享信息或知识的文章，它通常也是一篇专辑，比如《在时间匮乏的情况下开展关系网络构建的 9 种方法》；
- 一篇关于见解的文章，比如《为何现行规则的改变将带来灾难》；
- 一封写给编辑的信；
- 对某篇文章或博客内容的评论；
- 文章的摘录。

媒体在寻找什么

> 记者或多或少地把他的写作看成是一种娱乐方式。
>
> 加文·辛克斯

在过去十年里，坦白说，媒体世界仍在人们如何消化它的产物方面经历了一场革命性的变革。高质量的信息以及免费内容是发展趋势，许多人期待通过他们所用的终端设备来获取那些信息，这也正改变着媒体的面貌。当我们当中大部分人对广告选择忽略的时候，媒体也不再依赖从广告客户处获得的收入。因此，许多出版商正在削减他们的传统出版业务并转而倾向于有登录限制以及由高质量内容所支持的网络版本上，从每周、双周或每月的出版转变为在线的发布，这意味着出版商长期需要一些新的内容来充实他们的网站。这些媒体上的变化，对任何渴望成为专业精英的人来说无疑是有利的。

每当经济不景气时，许多新闻编辑部和出版商都会大幅削减他们的雇员人数和工资，并停止招聘新人和冻薪。这意味着越来越多的出版物正依赖于一些专家的“免费”内容以及委托自由撰稿人所撰写的文章。现在已经很少见到在专题文章方面投入大量预算的商业性出版物了。社交媒体已经为出版商打开了持续生成内容的渠道，而这恰恰迎合了那些准备好免费撰写文章并渴望出版的专业人士的需求。所有这些转变使得许多新闻从业员需要努力追逐那些不断减少的付费工作，而这些工作附带了很多期限来限定他们完成工作的时间。

媒体的工作并不是为你提供宣传。它需要通过出售其内容来盈利或吸引广告商（或二者兼而有之）。记者、制作人和编辑通常会迫于时间和财务状况的压力，去寻找那些易于接触到且有空余时间的权威人物，他们风趣幽默，观点前卫，受人欢迎。

如何组织你的公关活动

你或许想过要通过公关手段来支持某项活动，比如一项新服务的发布会。在你开始考虑一份覆盖面广的出版物时，不妨停下来回头想一想你希望从该出版物上获得些什么，也就是说你组织这次活动的目的。一旦你确定了自己的目的，接下来就要考虑你达成目标所需的策略。从一开始你就要衡量你所要做的事情。

以下是当你计划开展活动时需要思考的一些问题：

- 你希望与谁进行沟通？
- 你希望在哪个时间段采取行动？
- 如果你把故事讲出来，是否还有后续的故事？
- 你的目标出版物是什么？

> 当刊物即将出版之际，最关键的是了解到他们拥有的读者群。在该刊物上，你必须确保你的内容能够迎合读者的需求。
>
> ——加文・辛克斯

当你对目标人群进行思考并在锁定全国性报刊这个目标之前，从更小型的、更本土化的或者专门的出版物开始入手会更容易一些。本地报刊不会提及一些已经在全国性报刊上刊登过的故事。然而，许多全国性报刊将从本地和行业刊物上摘取故事。当你已经确定了你希望与谁进行沟通，并且当你希望与他们进行对话时，制订一份沟通计划来确定：

- 行动的时间进度；
- 谁负责做什么事；
- 你为每份出版刊物投放的故事或观点以及何时投稿。

技巧

如果你想要在某个特定领域树立你的形象，那么可以尝试为行业刊物撰写文章。而这些刊物有时也苦于找不到高质量的文章，因而你的投稿通常会受到欢迎。但你要意识到，你不可能获得稿酬，而且通常你不能在文章中进行自我推销。

如何成功向媒体投稿

编辑和记者常常会被公关人员的大量信息所困扰，这些公关人员竭力推销他们的想法，并向他们发布大量的新闻信息。你不仅需要运气，还需要通过电子邮件进行信息发布来引起他们对你的投稿文章的关注。以下是一些关于向媒体投稿的技巧。

> 对于新闻从业人员来说，他们现在绝大部分的工作是把现有的信息进行过滤并确定其重要程度。因而，你需要想方设法地吸引他们的关注。
>
> 加文·辛克斯

1. 做一些有关出版物、记者和编辑的研究

在你向某份刊物投稿前，一定要做好相关功课。如果是投给地方媒体，它首要关注的是当地的新闻事件。确保你的故事和信誉情况适合该媒体。在你向刊物投稿时，需要说明为何你的故事与该刊物的读者是相关的：它为读者解决了什么问题？给读者带来了什么价值？为何他们会对你所叙述的内容感兴趣？

以苏西为例，她是一名会计，也是一位新晋的作家。她希望在地方媒体上刊登报道，她以“本土会计师渴望尝试写作”这个短语开始了她的新闻发布之旅。

不管你有多渴望对方刊登这篇文章，不要通过电子邮件向编辑进行

投稿轰炸。找出你希望投稿的目标刊物，不仅要考虑短期效果，还要兼顾将来可以定期出现在该刊物上。当你们建立了不错的合作关系，再投稿时就可以有目的地与编辑进行联系，特别是要与副主编以及专题编辑联系。几乎所有的报刊员工都在 Twitter 上关注一些他们感兴趣的故事。他们也会经常在搜集故事方面寻求协助。

编辑或记者在 Twitter 上并不活跃，你可以时常通过电子邮件给他们发送简短的文字介绍你自己，并附上一页个人简介，提供你的博客 / 网页的链接，还有你能为他们提供的系列主题清单。如果你能够向编辑展示你在类似刊物上被摘录的文章内容或是付印的文章，这对于引起他们的注意并在将来采用你的文章大有帮助。

2. 让你的文章变得价值非凡、适时或有内在的报道价值

电视、报纸和电台都渴望获得新闻。而这些新闻最好是涉及冲突或者包含了人们感兴趣的元素。除非你向刊物投稿的文章是为了赚取佣金或者在专题中使用，否则你的文章都应遵循适时这一原则。例如，是否将有一项关于法律的变动？这个变动对你的目标读者有何影响？但是，在法律条文变动 6 个月之后，这个关于法律的“最新”动态已经算不上是新闻了。尽量避免在投稿中包含过于自我推销的内容。毕竟，媒体感兴趣的并不是对你的推销，而是为它的读者提供有价值的内容。

> 当你与记者倾谈或进行写作时，展示出你大胆、生动以及坚持己见的一面，这样你的作品就很有可能获得发表的机会。
>
> 加文・辛克斯

3. 力求简洁

当你向媒体投稿时，你希望能够刺激他们的胃口并让他们认同，而不是急于把所有的内容都发送给他们。在编辑或记者对你的故事表示感兴趣之前，保存好你的文章全文和媒体工具包。你的目的是让初次接触

尽量简洁明了。记住不要乞求编辑去阅读那样的邮件，并且不要撰写那些目的性明确的标题去邀请他们打开并阅读邮件。尽量让你的邮件主题长度少于 8 个单词，并根据不同的读者来对主题进行微调。

4. 不要期望每次放线都有鱼儿上钩

你的投稿不可能每一次都能被编辑选中。所以，你需要一个按照重要性进行排列的刊物清单。接着，从清单的顶部开始向下逐个尝试，直到有人赏识。某些刊物不会采用你的文章，除非它是独家文章。如果你在一周以后仍然没有得到回复，你可以尝试发送简短的跟进邮件。然而，实际情况是编辑和记者们都很忙碌，如果他们看中你稿件里的故事，他们就会在看到稿件的第一时间采取行动。你所需思考的是一个引人注意的主标题以及篇幅在一至两个段落的文章提纲。把这些想法传递给那些你希望被采纳的刊物，对方会联系你获取完整的文章。

5. 不要过度曝光

多数刊物不愿被认为是在积极地推介一位又一位专家。因此，如果你已经成功地在某杂志上投放了你的文章或者被其经常引用，那该杂志可能会在某期暂停刊登你的文章。杂志一般尽量不在同一期内容中采用同一位作者或公司的两篇文章，也不会在同期刊物里面的两篇文章里引用同一专家的内容。

什么是新闻简报以及你为何需要它

新闻简报是对故事的真实记录，记者会以它为素材来撰写他们自己的文章和研究报告。新闻简报越贴近刊物的风格——语调、关联性、语气、视角——就越易于被写成一篇文章。

在以下情况下可以使用新闻简报：

- 当你的文章想要被某本刊物采纳时；
- 当你投稿给编辑时（他们通常会索取一篇相关的新闻简报）。

如何撰写新闻简报

一篇好的新闻简报通常是对以下 6 个问题的回复：

- 何人？
- 何事？
- 为何？
- 何时？
- 何地？
- 如何？

以下是一篇带注释的新闻简报范例，它展示了这 6 个问题在简报结构的应用：

> 语言尽量精简、短小、清新，同时观点明确，这样才能直达记者的心。
>
> 大卫·施托奇

一位来自米尔顿·凯恩斯公司的、年轻而出色的人力资源顾问凭借其为学生发表的一篇关于重要职业建议的出色演讲，而获得了一项著名奖项的提名（何事）。

雅各布·史密斯（Jakob Smith），24 岁，HR 咨询公司的人力资源顾问，入选并获得由社会企业组织 Countec 发起的名为“年度最佳会议演讲者”的奖项。该组织致力于帮助年轻人通过职业素养以及就业技能提高受雇能力（何人）。

雅各布之所以获得此项提名，是因为他代表 Countec 在白金汉郡不同学校之间进行了高质量的演讲并得到积极反馈。他对雇主需求的关键技能进行了知识分享并受到特别的赞誉。该分享内容介绍了如何成功地申请到工作，包括面试的关键技巧，以及许多求职方法和流程等。

雅各布在他 6 年的职业生涯中从事过多个行业。从学校以优异成绩毕业后，他在乐购公司任职零售经理培训生，在实际工作环境中获得经验后，他转而加入了普雷米尔酒店（Premier Inn）担任人力资源管理通才，在那里他快速地培养了自己在人力资源管理方面的能力。2010 年，在加入人力资源咨询公司之前，雅各布也在公共事业以及私营公司担负人力资源职责（如何）。

对于自己获得这个著名的奖项，雅各布说道："我深感惶恐并感谢能够入选该奖项，不过我非常喜欢这件事情所代表的意义。为了帮助年轻人解决失业问题，我坚信年轻人应该不断地寻求机会去学习以及提升关键技能，这样他们才能成为对潜在雇主有价值的人。这不仅能帮助年轻人对自己的能力树立信心，而且还能让雇主给予他们更多信任。年轻人需要时刻准备接受挑战，跳出舒适区，去尽可能地获取更多相关的实际工作经验。为自己的持续学习和发展负责，这将会有助于缓解大量年轻人失业的问题。我经常使用这种方式，而且非常享受以这种循序渐进和顺利的方式去开启我的职业生涯。"（为何）。

该知名奖项将在 9 月初的颁奖晚会上进行颁发（何地及何时）。

为了提高你的新闻简报被阅读的机会，记得要将新闻简报发布的信息以私人信息的方式知会相关的记者和编辑。恰当的信息应该是简短扼要的，可使用以下类似的格式：

1. 问候语，比如："亲爱的西蒙"。

2. 用一句话来抛砖引玉，吸引他们对整篇信息以及新闻简报进行阅读的兴趣。通常，这个引子将会包含一些有争议性的或者不常见的内容，句子也是简洁的，比如："我手上有一个关于本土营销专家的故事，他撰写了自己的第一本书，帮助新的企业主将他们第一年的成本降低了 75%。”

3. 接着用一句简短的句子来解释你所投递的故事为何与刊物的读者是有关联的。比如：“它与你的读者息息相关，因为作者是本地人。并且读过你出版的书籍的小型企业主将会发现这本书能够为他们节约成本，数额可能达到数千英镑。”

4. 然后为自己争取面谈的机会（如果你是文中提及的那位专家）。同时，让他们回复是否计划发布这个故事，比如：“山姆·布朗乐意接受访问，请通过某电话号码进行联络。请让我知道你们是否计划发布这个故事；未来几天内，我暂时不会把它提供给其他人。”

5. 最后，把简报内容剪切粘贴到邮件的底部，备注“我已经把简报内容提供如下”。不要把新闻简报作为附件发送，因为这样文件有可能会丢失或者损坏。

使你的新闻简报得以阅读和采用的技巧如下：

- 进行有礼貌的跟进。如果你在第二次跟进之后还没能得到任何回复，就可以假定该编辑将不会采纳你的故事。
- 不要在你的第一封邮件中发送图片，把图片附在另一封单独的邮件里进行发送，这样就可以找到借口去跟进。
- 如果你在给编辑发送新闻简报的邮件之前与他们进行电话沟通，那投稿被采纳的机会会高一些。
- 在故事中加入冲突的元素，激发被阅读及被采纳的兴趣。
- 在你的新闻简报中使用大胆的语言。

如何让自己成为新闻从业人员经常联系的对象

最理想的状况是自己的文章经常被媒体引用或要求提交文章，甚至接受媒体采访，其实这并不像你想象中的那样困难，特别是当你站在记者、编辑、研究员或者发行人的角度设身处地为他们着想时。

配合并乐于提供帮助

大部分媒体人在工作中都会面临最后期限。你要积极地伸出援手，让他们的工作变得轻松一些，你可以为了让他们更加轻松做些什么呢？

当他们采纳你的文章时表达谢意

记住，媒体并非只收到来自你的投稿。因此，每次当他们采用了你的文章时，请记得表达你的谢意。

尽快回复

大多数的记者，特别是那些电台和电视记者，都会面临最后期限的压力。如果他们不能及时从你身上获得他们所需的内容，很可能就会转移目标。如果你知道自己不能帮助他们，在开始的时候就说清楚，并把他们介绍给有能力帮助他们的人。一定要在他们的最后期限之前给予回复。

将复杂的概念简化成通俗的入门指南

虽然记者通常为多个特定的领域写作，但他们毕竟不是技术专家。因此，他们会时不时地请教那些他们青睐的专家，相信他们能够对此进行逐步分解，并将复杂的概念进行深入浅出的说明。

不要持观望态度

正如我之前所说，很多记者追求的是一些有报道价值的或有炒作价值的内容，比如冲突。他们找寻的是那些能够坚持自己的观点的人，即使这些观点有悖于传统认知。但不要为了追求新奇而虚构、捏造所谓的事实，那样做无异于自毁前程。阐明观点，加以论述，提供独特的见解。强调什么是有趣的或者异于寻常的。证明你并不是简单重复别人所说的话。

找出一些值得引用的短语或句子

在记者对你进行访谈之前，思考一下有哪些值得引用的短语或句子可以在文章中使用。然后想象一下你引用的内容在文章中被放入专栏中的情形。这对你来说可行吗？

成为自由记者的好朋友

记者要么是“职员”（受聘于某家出版社），要么是“自由撰稿人”。自由撰稿记者往往会专注于某类题材或某些特定行业。因此，与众多的自由撰稿记者建立良好的关系，你就有机会经常出现在更多的刊物上，这比只是凭借你个人的能力所获得的机会要多一些。当你与自由撰稿记者交谈时，记得要弄清楚他们是如何找到你的名字，以及他们是否有其他一些文章需要你来帮忙撰写。如果你是被出版社的编辑约稿，应当问清楚他们的刊物是否有一个前期的专题清单以及他们何时开始委托写作或者撰写这些专题。

> 中立往往不会是记者所感兴趣的。
>
> 大卫・施托奇

保持密切联系

当记者的发稿最后期限即将到来时，他们通常会倾向于找他们脑海中最先涌现的那些专家帮忙，而你应力争成为那样的专家。要做到这一点，最佳的方法是制定紧密联系策略，与那些你希望保持密切联系的记者和编辑进行定期沟通。Twitter 是与记者保持紧密关系的出色工具。参考第 6 章去了解更多关于紧密联系策略的内容。

案例分析

史蒂芬（Stephen）是一家大型咨询公司的合伙人，该公司经常会出现在行业性及全国性的刊物上。他通过以下三项行动来取得了这一成绩。

1. 让记者总是能够轻易地通过电话联系到他。他为记者们提供自己的直线电话号码以及手机号码，尽量抽出时间来与他们谈话——就好像把他们当成自己最好的客户来对待。如果未能第一时间接通他们的电话，他会在 24 小时内找时间回电联系。

2. 史蒂芬的专业技能是帮助许多大型跨国公司推动其重大的战略变革。为了帮助致电求助的记者，他经常会给他们发送一些关于大型企业推行变革的简单指引，并为企业特别指出其典型的误区所在，并提供一些过去几年内发生过的备受瞩目的例子。

3. 史蒂芬善于用简洁的方式解说他所做的事情以及他的技能是如何与记者的需求相匹配。记者们发现，在他们与史蒂芬沟通之后，他们对主题有了更深入的理解，并且在撰写这些专题文章时增强了信心。

如何让自己在电视、电台中亮相或拥有自己的专栏

拥有专栏、拥有专题博主身份或者经常出现在电台和电视的专业人士往往能做到以下几点：

- 逐步证明他们是专业精英；
- 与编辑建立强有力的关系；
- 得到编辑的认可；
- 成为行业名人；

- 表明他们愿意为刊物无偿贡献；
- 发表大胆的意见。

监测你的媒体覆盖率

你的媒体覆盖率有助于在潜在客户与中介机构中建立你的信誉。因此，你希望能监控及记录你所获得的所有媒体覆盖情况。

- 创建文档并列出你获得的所有媒体覆盖情况，包括什么时候获得以及通过哪位记者的认可。确保保存各项媒体覆盖情况的链接，以便能够轻松地分享给其他人。
- 当你出现在新闻上时，将它记录在你的网页上。
- 为你引用过的书籍保留一份副本，不论是文字副本还是实体书副本都可以。
- 用你的名字、你的公司名，加上你经常撰写及谈论的文章主题作为关键词去设置 Google 提示（我们发现谷歌提示经常在文章发表时，对你发送的提醒信息，比那些负责出版该文章的编辑或记者的提醒还要超前）。
- 向记者或编辑索取你所写文章的 PDF 版本。
- 为你写的文章或出版物中提到你的内容保存一份副本。

如何通过公关赢取商机

通过某篇文章或在电视、电台上亮相，带来业务咨询的这种情况是很少发生的。你的目的并不是通过公关活动来创建业务，而是通过信誉、信任以及更广的覆盖范围来开展你的公关活动。

下面是一些关于运用公关手段来赢得业务的建议。

> 市场营销和公关之间的界限已经模糊，你可以使用各种方法来启动新的业务。
>
> 艾伦·史蒂文斯

- 向你的关系网络发送你的出版文章以及被引用的内容，收集他们对于文中提出的问题以及对某些话题的意见。
- 在你的网页上开辟一个信任页面，将所有刊登过你文章的关键刊物以及你录制过的节目都收入其中。
- 在你的作者信誉以及在线文章中加入链接，通过读者的点击返回到你的网页并提高你的搜索排名；
- 在与你的潜在客户会面之前，给他们发送你发表过的一些重要文章，以此来增加你的信誉度；
- 在你想要在某些会议或活动发表谈话之前，向相关的组织者发送你发表过的文章副本。

技 巧

当你有文章或引用内容被发布在可靠的行业（或全国性的）报刊上时，把该报道的剪报连同一封简短的介绍信发送给另外一家报刊的编辑并进行自我介绍，在信上列出你的三到四项信用陈述，并说明在哪类题材上你能够提供专业的意见。

亲自上阵还是聘用专业的公关人员

我们在本章中谈及的大部分内容，你都可以自行完成。然而，生活中的各种元素都需要维持平衡。如果你在与媒体建立友好关系并向他们投稿这方面缺乏充裕的时间，或者对这些事情不太感兴趣、缺乏所需的技能等。这种情况下，聘请专业公关人员来为你开展宣传工作无疑是明智的选择。

任何一位你所聘请的公关人员不仅要与媒体中的合适人选有稳定的关系网，还要掌握投稿的技巧以及能够写出引人入胜的报道。

在你聘用他人为你开展公关工作之前，询问他们以下问题：

- 在你的专业领域 / 行业拥有哪些重要的人脉；
- 向你详细说明他们在近期内的安排，以保证在某些报刊的覆盖率；
- 对于公关活动，他们有什么建议可以帮助你达成商业目标。

目标强化

小　结

运用公关手段来提升你的形象比很多专业人士所想象的还要简单。要让自己经常出现在报刊上，你需要：

- 在 Twitter 上积极寻找相关的记者，并投入时间去与他们建立紧密的关系；
- 练习如何将你要对记者说的话提炼成为简洁的语言、引用性强的短语或句子；
- 习惯于发表自己的意见而不是持观望态度；
- 不断地寻找有报道价值的故事，进行评论并向报刊投稿；
- 运用你创建的宣传资料在媒体上向潜在客户和活动组织者毛遂自荐。

行动要点

1. 制订一份清单，找出你的目标读者经常阅读的 5~10 份行业的、本地的、在线的以及全国性的刊物。浏览这些刊物的网页，找出为其工作的编辑和记者。然后，在 Twitter 上关注他们并发起与他们的对话。

2. 对于那些你想要刊登文章的刊物，发送一份单页的自我介绍给其编辑，说明你有能力发表专题评论。如果你有任何相关的公关资料，把它也写入这份单页的介绍文件里。

3. 与你的同行、同事或者教练每月进行头脑风暴，找出有可能向媒体投稿的故事构思。

4. 创建技术简介资料包（一份简单的关于你的技术专长的指引），可以在任何访谈之前发送给相关的记者。

修炼 9

组织一场多赢的活动

本章摘要

- 如何让活动帮助你吸引更多的潜在客户；
- 你可采用的各种不同的活动方式；
- 策划推介和举办一场活动的关键阶段。

> 虽然优秀的基础销售创意及其吸引力和相关性一如既往地重要，但是在广告喧嚣的今天，如果你不能引人注目并获得信任，你将一无所获。
>
> 里奥・贝纳

树立专业精英信誉的重要途径之一，就是举办线下或线上的活动，以向你的受众群体展示你的专业水平及素养。举办活动是一个很好的让潜在客户从“我可能想与你合作”变成“我们能否谈谈如何一起合作”的有效方式。但是，举办以及推介活动需要不少时间和金钱上的投入。本章会为你详述如何明智地借助活动，来将你的时间和金钱投入变为尽可能多的客户转化。

如何让活动帮助你吸引更多潜在客户

许多专业人士需要面对这样的问题：他们的服务很多时候都是高风险的，如果处理不当就会带来费用或信誉方面的风险。由于客户没有可供尝试的低风险方法，所以他们对是否与你签约会很谨慎。举办活动则为你的潜在客户提供机会，可以通过稳妥的方式来体验你的服务。很多专业精英会举办收费活动作为他们产品梯度的一部分。他们并非想通过活动获得多少收益，而是要帮助潜在客户消除疑虑，与其达成合作。

案例分析 1

蒂姆（Tim）是专注于公司销售和并购的专家。事实上蒂姆全部的新业务都是来自于转介。为了促进这种业务转介，他加入了商业咨询师的关系网络。为了在网络中树立自己的形象并成为别人眼中的专家，他开始为这些网络举办一些关于公司销售与并购方面的知识讲习班。通过为顾问们举办这些讲习班，他逐渐成为著名的“企业财经演讲家”，并通过提供这些讲习班以及围绕企业财经的主题开展演讲，不仅为他带来了可观的收入，也为他带来了不少新客户。

你可采用的各种活动方式

科技发展如此迅猛，你可以让活动参与者在办公室或者家中参加你举办的活动。可以举办的活动主要有以下三种形式。

1. 面对面的座谈会或者是网络构建活动。这项活动让参与者来到你指定的地点。在活动上，你可能会花一些时间来进行演示或者推动与参与者的对话。
2. 网络研讨会。在这项活动中，你要积极促进活动的互动性。可以通过投票、提问或与演示者以及其他参与人员进行文字聊天等方式来提高研讨会的活跃度和互动程度。
3. 电话研讨会。参与者通过拨打电话来参加会议，可以听到你的演讲。有时候，他们也可以通过网络听取会议内容。但是，在这样的方式中，互动是非常少的。在主持研讨会过程中你可以使用的软件所具备的功能来展示一些视频文件，并让参与人员可以看到你讲话的过程。不过电话研讨会一般都是事先录制好的内容。

这里我们就三种活动形式列了一张表格，来告诉你它们各自的优点，如表 9–1 所示。

表 9–1　　三种活动的优点

面对面的活动	网络研讨会	电话研讨会
• 你可以与受众处在同一场所，使用特有的方法来快速与他们建立起信任度 • 你可以在活动前、活动中和活动后与潜在客户构建起一对一的关系网络 • 易于你与受众建立紧密关系、信任以及信用 • 你可以在活动的基础上加入另一项常规活动，比如说在会议之后再来一场酒会	• 活动成本低，可以省去租用场地的费用 • 易于吸引人们参加，因为这通常不涉及差旅费用，而且参与人员需要投入的时间较少 • 你有机会接触到国际受众 • 相对于电话研讨会来说，更易于让受众保持投入度和专注度 • 有可能在活动中接触到庞大的受众群 • 你可以自由选择网络研讨会举办的地点，即使是穿着睡衣在家里也没问题	• 通常比网络研讨会要便宜，而且成本远远低于面对面的活动 • 易于吸引人们参加，因为这通常不涉及差旅费用，而且参与人员需要投入的时间较少 • 便于向广大的听众传播信息 • 把会议内容进行记录，并为未能参加活动的人进行分享以及传送，而且成本较低 • 即使当你的活动演讲者和参与者未能连接上网络时也可以使用 • 可以预先录制活动内容然后自动播放录音 • 你有机会接触到国际听众 • 易于将活动转化为播客

策划推介和举办一项活动的关键阶段

不管你决定什么时间，以怎样的方式举办你的活动，要将收益最大化，你本人以及你的团队都需要在计划与营销方面加大投入。

策划阶段

策划活动包括四个主要步骤：

1. 明确活动的目的

如果在决定举办一场活动之前没有明确活动的目的，那贸然行事绝对是极其草率的行为。在举办活动之前，你先要确定它能帮助你获得什么？它如何推进你的商业发展计划？回过头去，重新看看你在第 1 章里为自己设定的目标。这项活动将如何帮助你达成这些目标？

2. 风险评估

在你为活动投入时间和资源之前，必须考虑可能会出现什么疏漏并思考如何去降低这些风险。

设想一下可能发生的状况：如果没有足够的人员参加活动怎么办？如果我们没能获得首选的活动地点怎么办？你是否需要做一份活动分析，以进行相关风险评估。你需要满足什么条件才能开展这次活动？这些问题不仅涉及活动的宣传以促使大家报名参加，还可能涉及同意出席活动的演讲者人数及其演讲质量。

3. 如何达成活动的目的

在这一步骤里你需要思考，要想达成活动的目标，你需要在活动前、活动中以及活动后做哪些准备工作。以下这些问题可供你参考。

- 你需要分配多少时间给演讲者，预留多少时间留给拓展关系网络？
- 谁是在活动中演讲的合适人选，演讲者的先后顺序如何安排？
- 要使活动获得成功，我们需要多少参与者？
- 考虑一下预算和你准备推介的服务类型以及尝试要吸引的观众类型，活动将采取的形式以及媒介是什么？是面对面的活动、电话研讨会，还是网络研讨会？
- 吸引大家报名来参加活动的关键因素是什么？
- 为何参与者值得花时间来参加这项活动？
- 我们试图通过这项活动让参与者做些什么？
- 通过参与这项活动，你能为参与者提供什么（物质的或精神的）？

4. 后勤保障

策划活动的最后一个步骤是制订一个项目计划来确定活动的后勤保障事宜。

- 活动在何处（或是如何）举行？
- 活动在什么时间开始和结束？
- 活动的各部分由谁来负责？
- 代表们如何注册参加活动或者购买活动入场券？你会求助于登录页面或者票务 / 活动管理软件吗？
- 负责举办活动的团队何时开会讨论进度？
- 需要为活动准备哪些东西？

提 示

当你请客户对你的邀请进行注册时，如果你计划在活动中提供食物，请先询问一下客户是否有特殊的餐饮要求。正如希瑟告诉你的那样，作为一名麸质过敏症患者，如果活动供应的是饼干和三文治，那没有比这个更糟糕的了。

推介你的活动

举办活动最难的并非是活动的运作过程，而是如何让大家愿意参加并最终出席活动。互联网为广大群众提供他们所需的信息，但丰富的信息也意味着人们面临着太多的选择，大家的时间已经成为一种稀缺资源，故而让人们主动参加活动的任务才如此地艰巨——即使这些活动是免费的，邀请了备受尊崇的演讲家出席，而且还提供美味的特色食物。

案例分析 2

专业演讲家协会（PSA）2013 年秋季 MEGA 会议

该活动的入场券在开始销售后的第一周就卖出了占总数 1/3 的票，其中 25% 的票是在 48 小时之内售出的，而全部的入场券则在活动举办前两个月售罄，PSA 之所以能够做到这点，是因为：

- 在他们成功举办的春季会议上，向与会代表全力推介这项活动；
- 在春季会议上提前告知与会代表，他们可以以五折的价格购买入场券；
- 运用富有影响力的 Facebook 社群每天进行关于该会议的推广宣传；
- 邀请有名望以及有抱负的专业演讲家，以迎合观众的需求；
- 运用西奥迪尼（Cialdini）的惜售原则以及社会认同来影响春季会议与会代表以及 Facebook 社群尽早购买他们的入场券。[①]

运用你的收件人清单以及社交媒体社区

拥有数量庞大的收件人清单以及包含忠诚追随者的社区可以让活动的推介变得更容易。如果之前人们投入了时间与你建立关系，对你所说的内容表示欣赏，那他们就会更倾向于出席你举办的活动。我们发现，在我们举办活动时，我们会期望 75% 的出席者来自电子邮件邀请函的收件人，而低于 25% 的出席者则是通过我们在社交媒体所做的宣传获得相

---

① 西奥迪尼 • R. B（2007），《影响：劝导的心理学》（*Influence*：*The Psychology of Persuation*），伦敦：哈珀商业出版社。

关信息并出席活动。

我们还发现，如果我们在发出邮件后对收件人进行多次关于该活动的提醒并营造出一种紧迫感，那我们就能获得更多的反馈。类似的做法包括：

- 限制参加的人数；
- 设定一个价格梯度，当离活动时间越近，收费就越高；
- 告诉大家已经报名参加的人数。

潜在客户吸引机制

这是你为那些加入你的收件人清单的网页访问者提供的回馈。它可以是对于你的目标受众来说具有感知价值的一份报告、一本电子书或是一篇文章。而这种价值通常来源于它解决了受众的某个可能存在的问题。参考你在第 3 章所做的调查来帮你思考适合的潜在客户馈赠方式，去鼓励你的网页访问者加入到你的电邮收件人清单里。

你在什么情况下可以合法地将某人的电邮地址加入你的电邮清单

在英国（在美国也有非常类似的规定），把他人的电邮地址加入你的电邮清单，需要事前征得他们的同意或者他们购买了你的服务或产品，而且你在每一封邮件里要为他们提供自己选择退出的机会和路径。

建立你的电邮清单的技巧

- 当你与某人见面时，征得他们的同意，将他们加入到你的电邮清单里；
- 提供有价值的物品作为加入你的电邮清单的回馈；
- 当你在活动中发表讲话时，让大家知道你愿意提供一份报告 / 文章 / 指南，作为他们向你提供邮件地址的奖励；

- 与别人一起共同举办活动，以便通过他们的电邮清单推介你的活动；
- 尽量简化你的流程，让访问者可以更方便地把自己的邮址加入你的电邮清单；
- 运用电邮营销软件，比如 MailChimp、Constant、Contact、InfusionSoft，以及 Office AutoPilot 来帮你管理和维护电邮清单。

2003 年颁布的《电子通信（EC 指令）条例》（The Electornic Communications Regulations）规定：

第一条规则

当他们向你发送营销邮件：

- 发件人不能隐藏他们的身份；
- 他们必须为你提供一个有效的地址自主选择退出。

事实上不管收件人是谁，这条规则适用于所有通过电子邮件发送的营销信息。

第二条规则

除非事先征得你的同意，否则发件人不能发送此类信息。如果满足以下三类豁免条例，这项严格的选择性参加法则可以被放宽。它们包括：

- 你的电邮地址是在销售过程中或者销售协商过程中被收集的；
- 发件人发送的信息仅限于与他们同类型产品或服务相关的推广信息；
- 在你的电邮地址被采集的同时，也为你提供了自主选择退出的机会（免费的，除非发生传输费用），但你没有选择退出。这样，发件人必须在后续的每条信息中提供自己选择退出的机会。

以上规则只适用于通过电子邮件主动发送给单个订阅者的信息营销。

购买电邮清单

创建一个基于收件人同意的电邮清单需要时间与耐心。你可能需要花上数年的时间才能创建一个上千人规模的电邮清单。举例来说，我们花了 6 个月的时间为我们的书《如何成为合伙人》(*How to make parter*) 创建一个包含 200 人的电邮清单，然后又用了 6 个月时间去将清单里的名字增加到 1 000 个。如果你没有充足的时间来建立自己的电邮清单，你可以考虑直接购买一份清单，价格一般为每一万人清单支付 1 000 英镑。

即使你很幸运地购买到一份 100% 可用的电邮地址清单，你也不要期待你的邮件推广行动会为你带来多少的反馈。要记住，这些人并没有要求你去给他们发邮件。你的邮件在他们的收件箱可能会直接被归入垃圾箱。还有一点，如果你购买一个电邮地址清单，请确认出售清单的公司可以保证清单里的每个人都已经同意接受由第三方主动提供的邮件信息。

使用直邮的方式

首先你要具备一份邮寄清单。你可以通过网页以及目录搜索来创建你自己的邮寄地址清单，或者选择租用一个邮寄地址清单，费用大概是每 1 000 人清单支付 100 英镑。

即使是你自己创建的邮寄地址清单，也必须检查一下直邮优先服务，确认你的联系人并未选择退出接受直邮邮件。直邮的反馈率通常只有 1%~2%。但是，如果你控制好直邮的目标并在投递之后通过电话跟进，还是可以获得较高的反馈率的，他们有可能会来参加你的活动。如果你有大量的邮件要投递，可考虑使用专门的邮局来帮你打印以及发送你的邮件，这样可以为你节省时间和金钱。

以下措施有助于通过直邮方式来提高让他人参加活动的成功率：

- 在信封和信件上写上收件人的具体姓名；
- 对于在一周的中段时间接收到的营销邮件，大多数商业收件人都表现出更高的反馈率；
- 在新建的顶端使用大标题，来突出读者阅读了这份信件之后能有哪些收益，标题必须能够让读者有兴趣继续阅读；
- 在信函的正文部分强调活动给读者带来的主要益处；
- 让读者知道他们下一步要如何做，让他们登录你的网页去确保他们能在活动中占一席位；
- 在每封信件发出之后通过电话跟进，确认读者是否出席活动；
- 在活动当周以及举办当天，给参加者发送活动的提醒信息。

共同推介及合作举办活动

共同推介活动对于双方来说可以是一种双赢。当你对市场不太熟悉时，与其他拥有更广或者在你的目标受众中具有更高信用的人共同举办活动，将是你在活动中生成潜在客户的最佳途径。在你同意共同推介或者合作举办活动之前，应仔细确认：

- 双方希望从活动中获得什么；
- 出席人员将从此项合作活动中有何获益；
- 哪些项目将由谁负责支付费用；
- 谁负责哪些工作，特别是在让人们报名参加活动的这件事情上要厘清责任；
- 你们各自确认开展哪些行动来让活动能够成功举办。

案例分析 3

埃莉诺（Elinor）经营一家大型的培训与咨询公司。这家公司使用网络研讨会来与现有客户和潜在客户进行交流。该公司每两个月举办一次网络研讨会，通常在研讨会召开之前 6 个星期开始进行推介。它与公司内外的专业演讲家一起举办网络研讨会。这家公司采用以下方法来对活动进行推介。

1. 公司的全体成员在他们的邮件页脚落款处都显示有下一次网络研讨会的链接。他们的 3 位商业拓展总监都设有个人目标，去找到 5 个人来参加该次网络研讨会。

2. 他们与专业演讲家制作了一个关于试用与预告的视频来推动大家对网络研讨会的需求。

3. 每次活动都为邮寄清单里的每个人发送 3 封宣传邮件。

4. 在网络研讨会召开的三个星期前，他们亲自打电话给所有还没确认出席的客户以及潜在客户，看看对方是否有兴趣参加。

5. 在网络研讨会召开前的两到三天，他们给所有参加者打电话确认他们是否会出席，以及了解为什么他们想退出该活动。根据这些信息，他们将对活动进行有针对性的改善。

6. 在活动过后，他们向每位参与者拨打电话并了解他们觉得此次网络研讨会如何以及哪些方面对他们有用。他们使用这些电话积极地获取客户评价，并在他们的未来活动的营销材料中使用。

通过以上方法，他们发现每次网络研讨会的人数通常都会在 20 人以上，并且一般在 12 个月以内，从每次网络研讨会的参与人员身上至少产生 2 万英镑的新业务。

举办你的活动

由于你的信誉与活动密切相关，你希望能够顺利地举办你的活动。因此，你需要在关注如何确保参与者出席活动的同时，确保该活动的顺利开展。以下是一份你可能需要为活动采用的检查清单。

技术设备

- 当天能否顺利运作；
- 是否所有的演示者以及参与者知道如何去使用；
- 所有的幻灯片、视频和视觉材料都已经预先下载好并能够在你正在使用的视听设备上顺利播放；
- 如果技术设备出现故障，你是否有备用方案。

参与者

- 你是否在活动举办前一周以及举办当天提醒了参与者要准时参会；
- 你的所有参与者是否知道该活动在哪里举行以及他们在活动上要做些什么；
- 对于那些专心听讲或者在活动中坚持到最后的人，你是否会提供一些激励；
- 会场的入口处是否有明确标识并在标识牌上印有活动的名称；
- 你希望参与者在活动之后采取什么行动。

演示者

- 是否所有的演示者都知道他们需要做些什么以及何时做；
- 是否提供机会给演示者进行演练；
- 是否告知演示者，如果他们出现超时的时候你会怎样做。

活动组织人

- 对于那些负责确保活动顺利举行的人员，你是否简要介绍了他们的角色与职责；
- 你是否安排了人员去迎接参与者，并在活动开始前进行适当的介绍，让大家尽量感觉愉悦；
- 是否做好了所有的名牌、讲义以及印有促销信息的礼品袋并确定好它们摆放的位置。

目标强化

小　结

举办活动不失为促使潜在客户跨出一步，去认同并签约成为真正客户的好方法。然而，不管是面对面的活动，或者是像网络研讨会及电话研讨会那样的虚拟活动，都是需要投入大量的时间和资源才能做好的。

行动要点

1. 自愿在其他人的网络研讨会上充当演讲者。

2. 开始创建你自己的邮寄清单。

3. 重新回顾第 3 章里面提到的关于你的利基市场里面的痛点并确定合适的潜在客户激励机制，以便帮你更快地建立起自己的邮寄清单。

4. 对你的竞争对手主办或者参加的任何活动进行调查和研究，基于你的调查以及你的利基市场所面对的痛点，确定你能主办或协办的活动类型及方向。

第四部分

将意向客户转化为签约客户

在本书的第 3 章里，我们考虑过你可能采取的各种不同类型的、新的市场营销活动来发展意向客户。然而，一旦你成功发展了意向客户，你仍然需要将他们变为忠实的付费客户。本章的内容不仅为你展示了如何将潜在客户转化为忠诚客户，还研究了如何系统地管理好获取潜在业务的渠道，帮助你抓住市场机遇。

修炼 10

管理你的销售漏斗

本章摘要

- 制定策略营销规划方案；
- 如何找出可能的意向客户；
- 你的销售漏斗是什么；
- 如何在不激进的情况下有效跟进意向客户；
- 如何获得与潜在客户面对面沟通的机会；
- 与潜在客户以及老客户保持联系的重要性；
- 积极主动地与网络上的潜在客户熟络起来。

行文至此，我们已经聚焦了几乎所有你需要做的事情，以便能够创造机会与这些客户进行合作。这些通常被看作商业发展生命周期中的营销部分。如果你遵循我们在前三部分概述的步骤，相信你会开始获得稳定的潜在客户流，他们已经准备好与你合作。不管这些潜在客户如何乐于与你合作，你还需要通过管理让他们成为你的签约和结算客户。在本章里，我们将说明你需要具备的流程和系统，以便有效地管理你的销售漏斗，确保你在过程中不会错失任何一位潜在客户。在本章中，我们使用了以下定义。

潜在客户：那些积极联系和咨询你、并就你的服务进行沟通的人。

意向客户：在你的利基市场里那些可以成为你的优质客户的人。

现有客户：那些你目前正在为他们提供咨询服务并收取协议费用的人。

策略营销规划：分析了你在策略上需要的业务，并将其转化为详细的清单，展示出你将从何处获得这些业务、以什么形式去获得以及每一种形式能帮你赢得多少业务。

销售漏斗：你仍未被授权开始启动的潜在客户工作。

转化率：这是指从潜在客户到签约客户的百分率。

制定你的策略营销规划方案

经过第二部分和第三部分内容的训练，相信你的思维已经拓宽，知道你在自我营销方面可以做些什么事情。如果你还没制定的话，现在是时候开始制定你的策略营销规划方案，也就是你每天、每周、每月以及每季将要做些什么来获得稳定的潜在客户资源。

我们对每位新客户，首先要做的事情之一就是研究他们整套的营销手段，帮助他们制定一套策略营销规划方案，如表 10–1 所示。我们发现这是帮助公司发展的一个基本步骤。这个步骤通常也是我们如何帮助我们的客户将他们的盈利基线提升的基石。

我们的一位客户——一家小型的会计师事务所，在 18 个月内将他们的意向客户数量增长了 3 倍。与我们开始合作之前所开展的工作相比，他们甚至在营销方面花费更少的时间和资源。要做到这一点，他们制定了策略营销规划方案，所有事务的运转都以该规划中拟定的行动为中心。

如果你制定了策略营销规划方案，你就会发现你避免了某些专业人士在他们的业务发展过程中会犯的以下普遍错误：

1. 不清楚他们需要多少意向客户来推动他们的业务发展。
2. 不能识别出哪些营销投入可以付出最少的努力以取得最佳效果。

表 10-1　　营销规划方案例表

渠道	第一个月		第二个月		第三个月		第四个月	
	预算	实际	预算	实际	预算	实际	预算	实际
现有客户	3	4	3	2	3		3	
关系网络群组 A	2	3	2	1	2		2	
约翰·多伊（银行经理）	1	0	0	2	1		0	
西蒙·史密夫	0	0	1	2	0		1	
电子邮件	1	0	1	1	1		1	
领英	0	0	1	1	0		1	
Twitter	2	1	1	1	2		1	
合计	9	8	9	10	9		9	

要制定策略营销规划方案，你需要了解：

- 你的意向客户转化为新客户的转化率，用百分比表示；
- 新客户业务带来的平均价值；
- 你的营业收入目标。

以下公式能够帮你确认你所需的意向客户定额，即：

$$意向客户数量=\frac{新客户业务带来的平均价值}{营业收入目标}\times 转化率\%$$

制定策略营销规划方案的下一步是确定你选取哪种渠道来获得你所需的意向客户，通过以下渠道你可以获得多少意向客户：

- 介绍人；
- 你的网络活动；
- 在活动上发言；
- 举办的活动；
- ……

当你确定了意向客户的来源，你需要确定即将采取什么行动，以便通过各种渠道获取意向客户。为了使你的策略营销规划方案更加准确，你需要：

- 衡量从各种渠道所获得的意向客户的数量和质量；
- 计算各种渠道的转化率；
- 当你对每种渠道的投资回报率有更深入的了解时，调整你的策略营销规划方案。

如何发现潜在客户

如果你计划去估算你所获得的意向客户数量，那你就需要知道如何去发现他们。记住，我们对于意向客户的定义是那些积极与你联系并了解你是否能给予他们帮助的人。有时候，意向客户是显而易见的，他们会通过电子邮件或转发别人的 Twitter 内容，告诉你“我希望与你合作”（或者其他类似的内容）。然而，情况并非如此明朗。

通常，潜在客户需要经过 2~3 个明显的阶段才能转化为意向客户。我们将其概括为三个阶段，分别是：

1. 意识阶段：他们需要知道你的存在。
2. 兴趣阶段：他们需要知道你能给他们提供帮助。
3. 评估阶段：他们需要能够试用或验证你的服务。

通常情况下，评估阶段会发生在你与意向客户见面时或者在电话沟通的过程中。以下是你需要留意的一些迹象，这些迹象表明潜在客户有可能正向意向客户转化：

- 他们向你询问你与其他人的合作细节；

- 他们很想知道价格；
- 相对地，他们更容易接受与你进行对话或聊天；
- 他们可能在某段时间内多次查看你的领英档案；
- 他们经常在社交媒体上与你发生交集，或者向你定期发送营销邮件，与你保持联系；
- 他们会对你的服务提一些感兴趣的问题以及了解你为客户带来的效果；
- 他们可能会向其他人推荐你并积极地谈及你。

销售漏斗是什么

销售漏斗是一个概念，我们（以及其他许多人）与客户用来表示潜在客户与现有客户在业务发展生命周期中所处的位置。请牢记这一点：所有的销售活动都会经过一系列的步骤，这个过程时快时慢，而某些时候就像那些破漏的管子一样，意向客户会流失在外。在渠道管理方面，你的角色就是通过将流程中的关键阶段变得简单并富有逻辑性，从而让他们理解正在发生的事情。

让意向客户知道他们所处的阶段以及下一步将会发生的事情，就可以有效减少客户流失的数量。换而言之，这样做可以有效提升转化率。

你的销售漏斗一般包含以下阶段，如图 10–1 所示。

- 初期的咨询；
- 确认咨询的有效性，比如你确定希望把这个潜在客户变为签约客户；
- 与潜在客户的初次会面以及你们彼此之间相互了解；
- 提交方案；
- 方案被采纳；
- 签署合同；

- 开始与客户合作；
- 支付首笔费用。

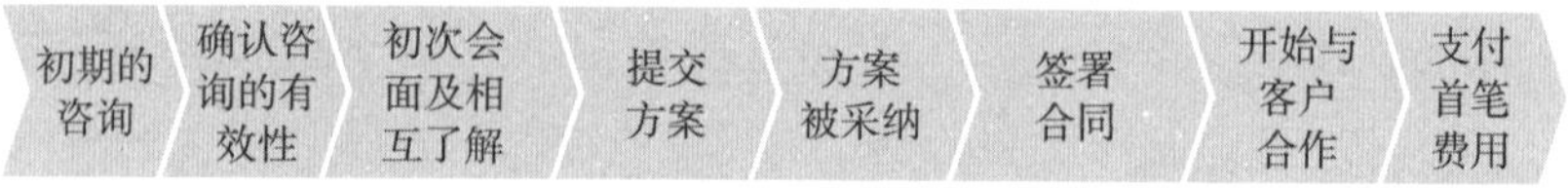

图 10-1　销售漏斗的典型阶段

何谓好的转化率

何谓好的转化率？这个问题是没有标准答案的。举例来说，如果你销售的是高价服务，你会比那些价格更低廉的同行转化率要低。你的市场营销目的之一就是在那些并不合适的意向客户占用你的时间、精力和资源之前将他们过滤掉。

低的转化率大概在 5%~10% 左右，专业精英的转化率可能高达 80%，这样的情况并不罕见。但是，如果你听到某位专业人士的转化率达到 100%，那是不可能的，他们或许并未对自己的潜在客户进行充分的衡量，又或者他们并未接收所有可能成为意向客户的人。

当你成功建立了从意向客户变成签约客户的转化率之后，下一项任务就是回顾业务发展过程中每个关键阶段之间的人数，这样你就可以发现在你的销售漏斗里存在哪些大的漏洞，并制定纠正措施来弥补这些漏洞，以提高你的整体转化率。

管理销售漏斗

当你了解到你的销售漏斗所包含的内容以及处于销售流程中的哪一阶段之后，你可以继续开展以下一系列的行动：

- 预测你未来的容量需求；

- 预计你的未来收入及资金流情况；
- 确定你需要在何时投入更多的时间来从事营销工作，以填补低需求时期的缺口。

理想状况下，你希望定期对销售情况进行权重预测。权重销售预测将确定销售漏斗的价值，并根据潜在客户在销售漏斗中所处的阶段，以业务转化的概率作为衡量的权重，如表 10–2 所示。

表 10–2 销售漏斗权重表

任务	开始月份	可能的价值	渠道阶段	第一个月	第二个月	第三个月	第四个月
任务 A	2	£20 000	提交方案（50% 转化率）		10 000		
任务 B	3	£50 000	咨询（10% 转化率）			5 000	
任务 C	3	£100 000	首次会面（20% 转化率）			20 000	
任务 D	1	£30 000	支付首笔费用（100% 转化率）	30 000			
任务 E	2	£10 000	方案被采纳（90% 转化率）		9 000		
任务 F	4	£100 000	咨询（10% 转化率）				10 000
合计				30 000	19 000	25 000	10 000

案例分析 1

安娜（Anna）是一名律师。她识别出销售漏斗所含的下列阶段以及相应的转化率：

- 初期的咨询——20% 转化率；
- 初次会议及相互了解——40% 转化率；

- 提交方案——50% 转化率；
- 采纳方案——75% 转化率；
- 签署聘任书并启动资金——95% 转化率；
- 第一笔费用支付——100% 转化率。

安娜了解到她有三组活跃的潜在客户。每组价值 1.5 万英镑。它们在销售漏斗里处于以下相应的阶段：

潜在客户 A

方案被采纳，工作准备在三月份启动，但合作协议未签署。

工作的“权重”价值 = 15 000 英镑 × 0.75 = 11 250 英镑

潜在客户 B

提交了方案，但仍未被采纳，工作准备在四月份启动。

工作的“权重”价值 = 15 000 英镑 × 0.5 = 7 500 英镑

潜在客户 C

处于咨询的初期阶段，工作准备在四月份启动。

工作的“权重”价值 = 15 000 英镑 × 0.2 = 3 000 英镑

随后，她将这些数据进行合并，计算出三月及四月的加权销售预测。

三月份

潜在客户 A = 11 250 英镑

四月份

潜在客户 B + 潜在客户 C = 10 500 英镑

接着，安娜用这个预测数据来规划她的现金流，并检视自己是否有足够的能力来交付三月和四月的工作。

如何在不激进的情况下跟进意向客户

很多专业人士对于销售很反感，因为在他们的观念里这意味着他们需要将自己变成一名激进的推销员。因而，他们采取不干涉的方式来应对他们的意向客户，从而有可能因此失去很多客户。

通过销售漏斗来管理你的意向客户，其目的是为他们设定好节奏，在你的销售流程中设计行动细节，把他们带入流程的下一阶段。这些承诺行动让你可以把观望者过滤出来，并把目标锁定在那些希望将合作进行到底的意向客户身上。

不幸的是，观望者有时会被错认为是真正的意向客户，因为他们会表现出某些与意向客户雷同的特征：

- 对你的收费标准很感兴趣，并想了解他们能从中获得什么帮助；
- 希望从你那里多得到一些免费建议（而不是真正想购买你的服务）。

以下这些方法将帮你引导意向客户进入流程下一阶段的一些方法，也可以帮你过滤掉一些观望者。

- 询问他们对于下一步的看法；
- 在销售流程刚开始时，确认他们是否有相应的预算来支付你的服务。要做到这点，最简单的办法是在你们初次见面之前向他们发送一份价目表，上面列出服务明细及向典型客户收取的粗略费用；
- 当你被要求提交一份方案时，你应与意向客户协商进行一次简短的对话，讨论一下大纲的草稿，之后再投入大量时间来编写细则。这让你能够从要求提供方案的客户中辨识出希望与你合作的意向客户；
- 询问他们，在没有收到任何反馈的情况下，你该如何以及何时与他们沟通并跟进。

如何获得与潜在客户面对面交谈的机会

许多专业人士发现，在让潜在客户转化为意向客户之前，他们需要和意向客户进行一次面对面的交谈或者进行电话沟通，这样有助于：

- 建立关系并加深对潜在客户的理解，这样有利于在日后向他们进行销售；
- 将其快速转化为意向客户。

只要你敢于开口，获得面对面的交谈机会并不难。以下这些方法可以帮你提高让潜在客户同意的概率：

- 在他们咨询了你的意见之后征求他们的反馈，向他们提出面谈的要求；
- 如果你们已经在社交媒体有过交流，可以提议进行电话交流，以便更进一步地了解对方；
- 当你关系网络中的某个成员在线与你聊天的时候；
- 在他们向你提供了正面的反馈之后；
- 你去客户所在的城市时，可与他们联系，建议择日会面。

与潜在客户以及老客户保持联系的重要性

有数据统计显示，从现有客户或老客户处获得新业务的成本，相对于将潜在客户转化为真正客户的成本要低 7~14 倍。而且从我们的经验来看，情况的确如此。然而，当客户合约结束之后，我们不免会继续寻求与其他客户的合作，进而忽略了已有的客户。由于没有保持联系，结果是你在已有客户那里的可见度下降，这有可能导致他们与你的竞争对手展开合作。这就是保持联系对于业务发展效力具有促进作用的原因之一。正如我们曾提到过的，意向客户在你的销售漏斗中的进展节奏并非由你来控制，主动权掌握在意向客户自己手里。

当事情完全超出了可控范围，你的意向客户通常会按下暂停键。这可能是出于多种原因，比如：

- 等待预算的审批或者新预算年的开始；
- 关键人事变动；
- 业绩不佳带来的现金流不足导致所有非必要支出被冻结。

此时，你所面对的挑战就是继续保持与潜在客户和现有客户的联系，打消他们的顾虑，解决对方的问题。

案例分析 2

菲利普（Philip）接管了一家软件公司的业务拓展部。当他检查业务拓展系统和流程时，他发现该公司有很大的空间去改善它与现有客户以及潜在客户保持联系的方法。他为团队启动了一个项目，要求他们通过电话、社交媒体和邮件方式，与那些和公司的合作金额超过 10 万英镑的所有客户重新取得联系。而重新建立联系的结果就是，6 个月内，他的团队从这些现有的大客户身上获得了超过 10 万英镑的额外收入。

在前文我们为你介绍了与关系网络、意向客户以及现有客户保持联系的重要性。以下是一些帮助你保持联系的技巧：

- 为 A 类客户及关键客户制订一项关系计划；
- 为关键客户制订并实施一项沟通计划，如充分利用你的博客、领英更新以及 Twitter 来与你的关系网络保持联系（详见修炼 4）；
- 咨询你的潜在客户、意向客户、现有客户以及老客户，了解他们希望定期从你这里接收到哪些方面的信息；

- 每月发送一份有价值和有针对性的简讯给客户。

在你的关系网络中积极主动地与潜在客户搞好关系

你可以运用自己创建的有价值的内容，积极与潜在客户建立关系。这些内容可以帮你：

- 展示你的信誉以及专业技能的深度和广度；
- 告诉你的潜在客户你是如何帮助其他人的；
- 让你的意向客户了解到，当他们面对行业趋势或者正在经历的挑战时，可以向你求助。

很多专业人士很少能够将一系列沟通落实到位。与意向客户沟通时，你要注意尽可能提供对他们有价值并能让他们感兴趣的内容，而且要有针对性，尽可能少添加与营销相关的内容，具体如表 10–3 所示。

表 10–3　　沟通计划表范例

发表途径	1	2	3	4	5	6	7	8
简讯				减税				继承计划焦点
博客文章	减少税额的八种方法	法律公司在税务上容易犯错的三种方式	税务计划案例分析	遗产税规划的商务案例	缺乏继承权的典型原因	如何发展你未来的伙伴	继承计划的协商技巧	继承计划案例分析
Twitter	针对法律职业的实务管理技巧以及专题文章							
领英状态更新	为法律职业链接每周的新博客文章以及专题文章							

我们再次强调，任何被认为是代表你的利益而并非代表他们利益的内

容，都令你难以达到预期目标。在你的沟通计划里，找出一个你认为潜在客户会赞成见面或进行电话沟通的时机，借机征询他们是否想面谈。

提　示

你的客户清单上包含了你所了解到的活跃的意向客户，并列出针对每个意向客户的下一步行动计划。我们建议我们所有的客户，在他们的业务中使用这份客户清单，这样能让他们重点探讨需要采取哪些行动来推进他们的销售漏斗。你需要每天检查这份清单并推动其中的行动进展。

目标强化

小　结

每当有人同意购买你的服务，他们此前都经历过一系列定义明确的典型阶段，这些阶段被统称为销售漏斗。你的目的是通过行动细节来促使你的意向客户作出承诺，并推动他们向销售漏斗的下一阶段发展，成为潜在客户，并最终成为你的签约客户。

你的意向客户掌控着销售漏斗的进度，并非所有人都会继续向前转化，最终成为你的客户。使用保持联系的流程来与每位意向客户进行联络，这样，你就可以最大限度地扩大让他们成为你的忠诚客户的可能性。

行动要点

1. 根据你了解的情况识别出每一位活跃的意向客户，并将其放入你的销售漏斗。现在计算你在接下来的 6~12 个月内可能获得的收入。判断一下你是否需要增加你的营销活动或者团队能力来达成你在修炼 1 所确定的目标。

2. 每周抽出一些时间来检视你的销售漏斗，确定采取哪些进一步的行动来推动哪些人在销售漏斗中继续推进。

3. 创建专属的客户清单并每天对其进行回顾。

修炼 11

提升你的销售技巧

本章摘要

- 如何评估意向客户；
- 如何策划和组织销售会议；
- 特色与益处两者的区别；
- 该如何应对潜在客户提出的刁钻问题；
- 撰写成功建议书的技巧；
- 如何在竞标中胜出。

上一章讲述的是成功销售的流程方面的内容，本章则探讨你需要使用的实用销售技巧去转化属于你的机会。

如何评估意向客户

> 成功的关键在于音乐的营销，而非唱歌本身。形象比你所唱的歌本身更为重要。
>
> 洛·史都华
> 摇滚歌手

任何与营销和销售相关的都是不计费的时间，它让你远离自己喜欢从事的工作——服务客户。可能在业务发展方面最大的时间浪费就是创建和推动错误类型的意向客户，即那些永远不会达成合作，成为真正客户的人，而不是你想要获得的合适类型的客户。如果你已经按照第 3 章所讲的内容，根据利基市场的需求调整了你的服务，还采纳了我们在第 4 章中关于对你所做的工作进行定位以及你为谁而做的建议，那你就可以筛选出 80% 类型不匹配的意向客户。但是，你仍然需要确认，当某人向你提供的服务进行咨询时，他们是否有可能成为你的客户并且与你所做的事情是匹配的。

案例分析 1

Azrights 律师事务所

在过去的 9 个月里，Azrights 律师事务所的营业收入翻了 3 倍，部分原因是公司所有人希琳·史密斯的行业地位有所上升，同时也因为该公司学会了如何去销售。该公司的律师过去并不擅长评估意向客户。举例来说，他们会回答客户最初的法律问题，如“我如何能够获得英国或欧洲的注册商标？”，但不会找出客户的疑问背后的原因。这意味着许多此类的咨询没有得到恰当的处理。现在，如果他们收到了一个新的咨询，那他们会实施相关的系统和流程来预先评估他们应该投入的时间并应答，从而确定哪些人可以直接通过邮件来指导他们获得问题的答案。由于真正了解到他们的客户想通过他们的 IP 获取哪些商业利益，他们发现从咨询者转化为付费客户的数量得到了极大的提升。

当你预先评估潜在客户，并投入大量时间来撰写方案之前，你希望可以了解以下四个方面：决策人（decisionmaker）；紧迫性（urgency）；匹配性（fit）；资金情况（fund），这四方面的英文简称是 DUFF。

决策人

通常情况下，向你咨询并有表示合作意向的人并非最终的决策人。

你需要尽可能与那位决定预算并具有资金分配权的人进行沟通。当你与意向客户沟通时，你需要研究清楚还有哪些人与聘用你的决定是有关联的。

紧迫性

当某人购买一项专业服务，这通常代表了一次经过深思熟虑的购买行为。在你投入大部分时间去开发一项业务时，需要确保意向客户是倾向于进行购买，并且有具体的时间表来推进这项购买行为的。

匹配性

不是每一位客户都能找到他们满意的专业顾问，而许多专业人士在某些业务中和客户难以沟通也是由于缺乏匹配度。除了良好的匹配度以外，你还需要确定意向客户的特定需求是你能够满足的。当你第一次与他们交谈，这些需求可能并不容易被发现。事实上，最开始所展示的问题并不是你最终要解决的问题。举例来说，我们最初被询问是否能够帮助一家大型的咨询公司进行自信心与身体语言的培训。由于我们并不专注于自信心和身体语言，这对我们来说似乎很不匹配。在与意向客户通过了简短的邮件沟通之后，这次服务变成了向他们的业务员提供策略性关系网络培训（这对于我们来说是非常匹配的）。因此你要决定你的意向客户是否真的有兴趣去了解并有意使用你的服务所带来的结果，而且可被激励去获得这种结果。

资金情况

尽可能在销售漏斗的初始阶段确定咨询者是否具备相应的财力来购买你的服务。如果他们声明没有预算来购买你的服务，这未必代表“游戏结束”，但至少表明此时你需要确定是否要向他们表明你的服务的价值。

在与意向客户的早期沟通中，让他们知道你大概的服务收费是有好处的。不要把你的收费罗列得太明确，只需要让对方知道他们需要支付的大概范围。比如，“那些跟你有类似问题的客户通常会花费 5 000~30 000 英镑，来获取我的帮助去解决这些问题。”

如何策划和组织销售会议

在第 11 章中，我们讨论了发现意向客户的方法。如果他们有意向购买你的服务，那他们就会要求约个时间来通过电话或者面对面与你交谈。我们建议你遵循以下框架来让会谈达到最佳效果。

会面之前：

- 协商好时间、时长以及地点；
- 为会议准备一份宽松的议程；
- 向他们发送一份关于你的单页信用文档（详见修炼 3）；
- 如果你有自己的著作，并且与他们有关联，可以向他们寄送一本并附上商务致辞；
- 最好能够向他们发送一篇有价值内容的文章，展示你的专业性；
- 如果可以的话，与他们在社交媒体上展开谈论。使用我们的目标、议程、后勤（OAL）会议计划模板可以帮你的会议重点突出并且有效。

表 11-1　　OAL 会议计划模板

会议名称	
会议目标	
与会者	
开始与结束时间	

（续表）

时间段	议程内容
	最重要的议程内容
	第二重要的议程内容
	第三重要的议程内容

会面前一周：

- 确认该会议是否会如常进行并确定时间和地点；
- 确认会议议程是否维持原样；
- 向对方询问有什么材料需要你提前准备好；
- 向对方提供另外一份与你们会议相关的有价值内容的文章。

会谈时：

- 使用你的原声摘要，简洁地介绍自己；
- 确认对方为会议预留了多少时间；
- 确认会议议程是否有何疏漏；
- 在会议结束之前询问对方的预期效果；
- 说明你对对方的好感，了解促成此次会议背后的商业原因；
- 注意聆听对方的问题；
- 通过总结来确认你对接收到的信息的理解是否正确；
- 为客户分析任由事态发展的风险，阐明你们彼此间的合作能够为客户带来的价值；

- 找出他们在选择供应商时使用的准则；
- 找出能够影响对方快速行动能力的各项因素；
- 洞悉对方在达成合作方面可能存在的顾虑或异议；
- 达成合作意向，并做初步规划。

会议结束之后：

- 对对方能够抽出时间会面表示感谢；
- 发送会议纪要，总结你对会议的讨论内容的理解；
- 根据会议情况确定下一步行动；

技 巧

如果你认识到该潜在客户与你并不匹配，不要害怕取消会议。

特色与益处两者的区别

特色指的是你本人或者你提供的服务的实际情况，是客观存在不容否认的。而益处则是你可以为客户提供的东西，而这正好是客户所需要的。他们购买的是你的服务带来的益处，而不是你的服务特色。当你明白他们真正想要和需要的益处是什么，就可以调整服务的特色来推动意向客户去同意购买你的服务，可以给出切实可行的解决方案来帮助你的潜在客户获得他们渴求的结果。在表 11–2 中，你可以看到我们如何把三项经常使用的特色转化为益处。

表 11–2　　将特色转变为益处

特色	益处
我们是一家全国性的会计公司	我们是一家全国性的会计公司，这意味着我们拥有你所需的专业能力来满足你的会计需求，可以让你节省更多时间和预算，减少你需要打交道的会计公司的数量
我们拥有全国最大的家庭法律部门	我们拥有全国最大的家庭法律部门，这意味着我们每天都会处理一些与你的个案类似的情况。我们知道陷阱在哪里，这可以让你少走很多弯路。我们有能力解决你的焦虑
我们是一家小公司	我们是一家小公司，这意味着你将是我们的主要客户，对于我们非常重要，可以得到高投入度的专属服务

为了把特色转化为益处，你要确定对你的潜在客户来说，什么是最重要的，而最直接的确认方法就是联系并询问他们。

- 在选择顾问时，最重要的三条准则是什么？
- 如果我们与你合作，你希望能达成哪些主要成果？
- 你最初是受什么吸引而选择向我们而非我们的竞争对手咨询？

该如何应对意向客户提出的刁钻问题

谁也不能保证客户永远能获得好的结果。因此，当意向客户决定与你开展合作，他们在金钱、名誉以及可能发生的情况上是需要冒风险的。结果是，意向客户始终想要明确，聘请你会带来哪些可能性，以及你是否有能力帮他们取得预期效果。当你与潜在客户见面时，你需要提出这些关注点，有时也要提出一些尖锐的问题。

导致意向客户决定不与你合作的原因大概有以下三种：

- 他们不相信你有能力来处理这项工作；
- 他们不相信与你的合作能够为他们带来足够的益处；

- 双方的匹配度不够高。

当你意识到这一点之后，就能更容易地去预料他们的关注点以及他们的预期。例如，如果你被问到“你与之前的客户合作都取得了哪些成果？”这正是意向客户在考验你是否具备帮助他们的能力。使用你其中一个信用故事（详见修炼 3）去回答这个难题。你的意向客户想要确认某些未知或者想要得到某些问题的答案。捕捉到这些细节，可以让你在销售方面变得更加自如。

要找出你的意向客户对与你合作所持的异议，这其中一项有效的技巧就是主动告诉他们，其他客户在与你开始合作之前会持有哪些异议。举例来说：

虽然我们的收费略高，但是我们所有的客户在方案实施之后都表示，他们现在已经意识到我们的解决方案是卓有成效的。

当你面对这些疑难问题，你需要让他们知道：你不但理解他们为何有这种感觉，并且认同他们的想法，坦诚别人在过去也有这种想法。潜在客户是控制购买流程的人，而且不管你是否对他们所说的持有异议，他们正是最终会决定是否聘用你的人。你需要向他们表明，与他们有相同情况的客户通过与你的合作已经获得了积极的结果。这样的过程我们称之为感受、体验、发现技巧。

感受：我理解你对于在当今这种艰难的经济环境中，为了创建你的客户群所作出努力的感觉。

体验：我的许多客户都处于与你相同的情况之中，也有相同的体验。

发现：当我们与这些客户合作之后，我们发现他们确实正处于与你相同的境况下，但他们能够通过采纳一些大胆的决策和行动来获得业务的大幅增长。

识别客户在使用你的服务方面的真正障碍

在销售会议中，你的目的是根据潜在客户的需求找到双方都赞同的解决方案。虽然他们对于你的服务仍然会存在一些顾虑或反对意见，但并不代表就会妨碍你们之间的合作。你要做的就是针对意向客户的疑虑并找到一项双方都能接受的解决方案。

要做到这些，就需要你用到一些非常有效的假设，举例如下：

如果我们能够找到一种方法，可以使价格降低 25%，你会高兴地签署合同成为我们的客户吗?

如果客户要求降低收费怎么办

意向客户通常会在费用上和你有一番博弈，他们可能会要求你降低收费。除非是在竞标情况下，否则这正好提示了你即将与他们签约。此时，你不能随意地降低你的收费，因为这会让你的客户觉得每次他们向你提出降价要求你都会照做。你需要明确的是你交付给他们的价值。找到他们确实想要的内容，就可以将那些非必要服务项从你的服务列表中剔除，你就能以更低的价格为你的客户提供一套量身定制的服务套餐。这样才能实现双赢。

如果你没有办法删掉部分客户实际并不需要的服务，不妨试试下面的方法，也许可以帮你打破与客户在费用方面的僵局。

- 向他们解释确实只能按这个价格收取服务费用。有些时候，这样做是有效的，而且客户最后仍然与你签约。如果不行，合作终止也未尝不可。
- 重申使用你的服务带来的益处并且你将如何帮助他们达成他们的企业目标。
- 向他们说明为何要收取这个费用，解释为何你没有降价空间。

- 看看他们是否会接受级别稍低一些的服务，以便降低他们的费用支出。
- 运用信用故事来说明其他客户如何对你的收费有过怀疑，但最终获得了非常好的效果，证明了你的收费是物有所值的。
- 如果他们担心资金流问题，可以提供按阶段收费。
- 同意根据获得的效果按不同的价格结构收取费用。

案例分析 2

马特（Matt）是一名领导力教练，他与一名新客户达成一项金额为 3 000 英镑的协议，为其提供辅导。该名新客户向其公司申请支付费用。她的公司对于马特收取的费用有所质疑并要求降低费用。马特并不想降低他的小时付费率，因此他提出，如果客户能在辅导开始之前支付全部的费用，他将在原有收费的基础上提供 10% 的折扣。他的新客户所属公司同意了这些条款。

撰写成功建议书的技巧

意向客户在向真正客户的转变过程中，一般都会要求专业人士提供建议方案。撰写提案的要求通常将推动你向获取新客户的目标迈进一步。一份提案，简单来说就是用于说明你将提供什么样的服务、收取多少费用以及双方合作的目的。提案可以采取简单的方式去撰写。下面我们将提供一些确保你的提案被通过的一些技巧。

1. 差异化

你放入提案的大部分内容也有可能出现在你的竞争对手的提案中。因此，在你的提案中，你需要明确哪些方面能够让你真正从竞争对手当中脱颖而出。差异化的内容需要成为你的提案主题，阐述你将如何为他们节省时间和金钱或者减少他们聘用你的好处。

2. 确认客户在签署项目开销方面的需求

要写出好建议书是需要时间的。通常来说，项目的规模越大，建议书就越要写得更详细。在你开始撰写建议书之前，通过询问你的意向客户来明确他们以及他们企业里其他的决策人有能力签署该费用。这意味着你能够调整你所写的内容，让关键决策人感到满意，觉得你提供的服务正是我之所需。一份尽可能精简但又足以满足客户需求的建议书是最理想的。

遗憾的是，通常会有这样一些意向客户，当他们无任何意愿去购买时，他们会以要求候选供应商撰写建议书的方式，来结束双方的业务开发交谈。这可能是因为意向客户需要几份不同的建议书，来向他们的管理高层证明，他们是通过对比来获得更优质供应商的。还有一种情况是，很多客户知道当他们要求提供方案后，会让供应商停止对他们的纠缠。如果你担心意向客户是否有继续合作的意愿，则可以在撰写完整建议书之前，试着从客户那里取得初步的承诺。比如说，你可以简单地问他们“在撰写完整提案之前，为了明确我的方向是否正确，我可以在邮件中把关键的几点列出来并在下周与你进行讨论吗？”如果你没有得到意向客户的同意，就需要认真考虑他们是不是有诚意的买家。你也许会发现回过头去重新评估客户的有效性是必要的（详见本章开篇处的内容）。

3. 运用简洁的概要

那些阅读建议书的决策人的时间可能很紧，因此，需要你在建议书的开头创建一份简短的概要。在这份概要里，针对他们最关心的问题给出答案，比如：成本、涉及的时间和资源、开展这项工作的预期结果等。

4. 采用“进行 / 不进行”清单

撰写建议书，与客户就提案进行讨论都是需要投入大量的时间的。你通常会发现一家公司会有一份“进行 / 不进行”的清单，并通过它来确定是否在某项竞标或客户工作上投放时间和资源。

比如英国排名第六位的会计事务所发现，当他们与客户存在旧交情时，他们的新客户转化率达到 75%。而在客户业务方面，如果他们与决策人并没有预先建立过关系，那转化率急剧下降到 25%。因此，他们通过“进行 / 不进行”清单建议，只有当他们已经预先与客户建立起关系的情况下，才可以继续进行建议书的撰写。

5. 尽可能使用图表

常言道，一图胜千言，这种情况对于建议书来说非常适用的。很多人都觉得大段的文字不便于阅读和消化。使用图表可以代替部分文字或者帮助大家更好地理解你的建议。

6. 把重点放在意向客户身上

虽然在建议书的前面部分列出你的证书文凭等信息看起来对意向客户似乎很具有吸引力，但其实这并非必需的，而且通常会让他们感到不快。一般来说，如果你被要求提交一份建议书，这已经代表了你的能力是可以被接受的。当你撰写建议书时，应从意向客户的角度出发，去考虑他们想听到什么内容？他们希望你展示些什么？你准备如何解决他们的问题等。

7. 使用建议书文档模板

第 5 章的内容提到过，在你的公司里使用标准模板有助于提升你的效率和效力。尽可能使用公司的建议书文档模板来帮助你组织你的建议书，这样可以帮你减少撰写时间。然而，务必确保你对模板中的标准文字内容进行适当的调整，使之符合你正在竞标的项目的情况。

8. 对意向客户就与你合作的预期结果进行量化

你的意向客户购买的是结果。因此，尽可能地把客户通过与你的合作而有可能获取的预期结果进行量化。

9. 对文档进行多次校对

特别是在竞标的情况下，任何微小的事情都有可能推动或破坏你被聘用的机会。因此，需要确保你的建议书完全没有错别字或其他错误的内容。

10. 取得关于建议书的反馈

在向客户发出建议书之前，如有可能，让值得信赖的同行或同事为你的建议书进行反馈。根据对方的反馈意见适当地调整建议书的细则。

11. 将可选项减少到最低限度

在建议书里，向你的意向客户提供众多选择以及解决方案似乎可以彰显你的能力和对客户的重视。但实际上，选择过多往往效果会适得其反。这就好比你进入一家商店，里面的商品选择繁多，这让你难以决策，结果当你走出商店时，你发现原先想买的东西一样都没买到。如果意向客户要求你在建议书中详细列出不同的选择方案，那么把选项控制在三项之内。

12. 确保建议书的可读性

你撰写的建议书应该是简单和易于理解的。请记住你的意向客户不一定是你所在领域中的专家，因此尽量减少专业术语的使用。当你撰写文件时，想象你是坐在读者的对面并与之交谈。在文档中保持一种交谈式的风格，而不是枯燥、呆板和显得文绉绉的。你的建议书里的标题应该是前后关联的，最好采用讲述故事的方式。在故事脚本里，你可以使用一系列的图片和标题来融入自己想表达的观点。当你采用了正确的顺序来安排这些图片和标题，你就可以水到渠成地完成你的建议书。

13. 特色与益处

尽可能检查你的全篇建议书文档，将里面提到的任何有关自己特色的内容转化为给意向客户带来的益处。你的客户将会感兴趣的三种益处包括：

- 帮助他们节省时间；
- 帮助他们节省金钱；
- 减少他们聘用你可能存在的风险。

举例来说，与其声称“我们是某方面的专业精英”，不如把它变为“你的项目将会得到妥善处理，我们会降低该项目的风险，因为我们被视为某方面的专业精英”。如果你知道你的意向客户正在考虑与其他顾问进行合作，这样你就需要确保你的建议书清楚地表明为何意向客户应该选择你而不是你的竞争对手。但是，阐明你的竞争优势不代表贬低你的竞争对手，不实的情况阐述可能会给你带来一场官司。当你与意向客户交谈时，一定要找出他们挑选供应商最看重的购买准则。

如何在竞标中胜出

通常，对于重大的业务，意向客户会邀请多家公司进行投标。一般被邀请来投标的供应商数量少则 2~3 家，多则上百家。意向客户通常会挑选出最终的候选名单并邀请他们进行投标，行内人称之为“选美”。

如果你遵循本书第二部分和第三部分的内容，你将会发现你的专业精英地位可以帮你带来源源不断的业务，无需去投标竞争。以下是我们提出的帮你赢得竞标的建议。

作为团队去进行竞标演练

我们其中的一名客户，是一家排名前 100 位的法律公司，他们拥有一群来自英国大型公共部门机构的核心客户。他们发现他们赢得竞标的概率从 1/3 下跌到 1/8，后来发现落选的主要原因是他们在竞标中没有表现得像一个团队，尤其他们的竞标团队通常是来自于不同团队和部门。有鉴于此，该名客户抽出时间通过电话会议以及面对面的交流给整个竞标团队进行一次统一的练习预演。从而使他们胜出的概率重新上升到了 1/3。

技 巧

当你对自己需要演示的内容进行演练时，对于演示开始以及结尾三分钟的内容进行至少十次以上的大声演练。这将有助于你在演示的关键节点处消除任何声音颤抖或者紧张的情况。这样做也能让你更加投入以及提升你的演示效果。

展示热情

你的意向客户想要知道你对他们的生意是很关心和重视的。因此，你需要展示你对于服务他们的热情和努力。

你不是焦点

在竞标演示里，你的目的是与意向客户建立起密切关系，向他们表明你是真正理解他们的。因此，将你的内容重点放在你如何计划去解决他们的商业问题上，以及他们能从与你合作中得到他们所期望的结果。

你的推介宣讲并不是让你重新强调自己的资质，这些内容都已经在你的推介和投标文件上进行了说明。在推介宣讲中太过于着重突出你是如何优秀，这会引起别人的反感。

在演示中与观众进行互动

在竞标的情况下，意向客户不但关心与你的密切关系以及反应，还关注你建议的解决方案。因此，把这次竞标宣讲当成一次对话，而并非一场非常正式的演讲。有意识地把你的演讲时间多分配给提问环节。

管理你的时间

特别是当你置身于类似“选美”这种情境中，你将会在给定的时间里进行宣讲和推介。如果你的演讲超时，大部分客户不会为你提供额外的时间，特别是当你宣讲的对象属于公共部门的采购团队时尤为如此。因此，运用你的演练来记录并管理你的时间，确保你有足够的时间留给演讲结束之前的问答环节。

目标强化

小　　结

在你决定去说服意向客户之前，你需要确认在该公司决策人以及意向客户具备的条件方面已经达成共识：

- 有相应的预算与你进行合作；
- 双方之间有很好的匹配度；
- 足够的内部紧迫性去购买你的服务。

意向客户期望与能够以合适的价格并在合适的时间里与那些能为他们解决问题的顾问进行合作。你在销售会议的角色是要获得对客户问题的详细理解，并提出一份吸引意向客户购买的解决方案。

行动要点

1. 对于接下来与你联系的三位意向客户，要根据资格评估准则，即DUFF——决策人、紧迫性、匹配性以及资金情况——来说服他们。

2. 下次当你需要提交方案时，建议你在邮件上列出关于该方案内容的一些想法并取得客户的同意来讨论这些想法。

3. 拿出你最近所写的 5 份建议。根据你在本章中学到的内容，找出哪一份方案是成功的，以此来确定你该从何开始、如何结束或者继续推进以获得意向客户对更多方案的赞同。

4. 当在销售会议上遇到反对意见时，使用感受、体验、发现技巧来对这个异议进行有效的处理。

5. 陪同某些在业务发展方面比你更有经验的人参加会议。在销售会议上观察和聆听他们如何说。你能从他们在会议上的表现当中学到哪些可以用来提升自己处理销售会议的能力。

6. 如果某位意向客户提出减少费用的要求，你可以把你向他们提供的服务进行重新整合以压缩收费项目，但你的时薪仍然是保持不变的。

7. 当你需要进行竞标时，至少抽出半天的时间来与你的竞标团队进行预先练习。

第五部分

经营你的个人品牌

该部分我们将探讨如何围绕你的个人品牌开展业务。随着你的信誉逐步提高以及客户群不断扩大，有一些节点是你需要去思考并加以完善的。在该部分内容中，我们将告诉你需要完善的地方在哪里，以及你需要采取什么行动来跨越这些障碍，来维持客户群的持续稳定增长。

修炼 12

缓解日益增长的管理困扰

本章摘要

- 管理增长；
- 客户群增长的五个阶段。

不管你是否独自经营，如果你希望从你的个人品牌投资中获取最大的回报，就需要把它当作一门生意来对待。不管你是一名会计师、律师、顾问、大客户经理或者其他专业人士，任何以时间换取金钱的人，都会在他们的客户群增长过程中经历几个明显的阶段。本章将帮你识别每一个阶段，为你提供建议以促进开启下一阶段，以稳固合作关系。

管理增长

> 如果事情并不需要公司主席或你作决策的话，赋权给别人去做吧。作为决策者，你要学会找出问题所在，优化组织并适当赋权。压力会带来相反的结果，要学会抵御压力。
>
> 唐纳德·拉姆斯菲尔德

管理客户群的人都会了解到，通常他们的客户群会经历五个明显的增长阶段（如图12-1所示）。一般来看，为了从一个阶段到达另一个阶段，你将需要改变你的工作方式以及你周围的资源。因此，有时候在各阶段之间转换是很难的，而且有时当你走向下一阶段时，反而会让你感觉像是倒退了一样。举例来说，当你雇用了你的第一位团队成员来帮你服务客户时，增长通常会停滞一小段时间。专业人士将会经过五个普遍的阶段。

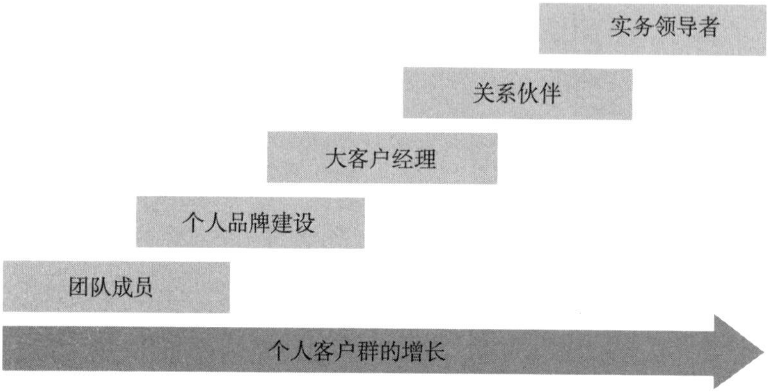

图 12-1 客户群增长的五个阶段

客户群增长的五个阶段

第一阶段：团队成员

在第一阶段里，你发现自己是其他人的团队成员并帮助他们建立客户群。这里提到的团队成员或许是一名自由职业者、临时人员或者是初级业务员。对自己进行营销的专业人士在这一阶段其所做的努力都会停滞不前。而停留在此阶段并无不当之处，很多专业人士发现在此阶段都能有所收获并能自由发挥，让他们的客户拥有更高的财务满意度和个人满足感。而有时候，一名专业人士（比如顾问公司中一名对付费时间设有高目标的同事），会发现他所有的可用时间都被耗费在了服务其他业务员的客户上了。

要想进入下一阶段，你就需要进行自我营销，积极地让自己脱颖而出，变得与众不同。这将涉及采取三方面的行动：

1. 分配时间来建立你自己的客户群。

2. 确定什么是属于你的“东西”（详见修炼 1）。

3. 为自己构建一份发展蓝图，依照它来奖励你自己的客户群。

案例分析 1

克洛伊（Chloe）是一家中型律师公司的新晋合作伙伴。到目前为止，在她的职业生涯中，她一直专注于自己选择的劳工法律领域，并逐步打下广泛的技术基础。她察觉到在她的部门过去处理的案例中，选择与雇主妥协的客户数量日益增长。她征询自己的伙伴是否能接手这些个案，因为她迫切地想确认这些客户是否受到前任雇主公平公正的对待。克洛伊用了 12 个月的时间来让自己成为该部门在此类协议方面的专家，并受邀为当地的雇主们进行该主题的研讨会。最后，她发现她已经可以吸引客户主动上门并建立自己的客户群了。

第二阶段：个人品牌建设

一旦你决定建立自己的客户群并开始付诸行动，你就需要能够推销自己，激起别人与你合作的欲望，在竞争对手中让自己与众不同，并通过适当的方式推介你的服务，这样客户才愿意主动购买你的服务。很多专业人士发现，他们对于推介和营销自己感到不适，因而更愿意维持自己拥有的一个较小客户群。所以这些人就一直停留在第一阶段——也是最难抽离的一个阶段。

想要进入下一阶段，你需要：

- 切实地投入到你的利基群体里（详见修炼 1）；
- 制定出对客户有吸引力的服务组合（详见修炼 1）；
- 在线上及线下建立你的形象和信誉（详见第二部分与第三部分）；
- 学会管理你的销售漏斗以及将潜在客户转化为忠实的客户（详见第四部分）。

案例分析 2

贾尔斯（Giles）是一名自由职业培训师，他几乎 95% 的工作都是为培训公司的客户担任助理培训师。虽然他很喜欢这份工作，但他想拓展自己的业务，建立自己的客户群。在他转变为自由职业者之前，大部分的业务都集中在财务和专业服务公司身上，专注于管理者和团队的培养。在与昔日同事交谈中，他得知对于如何建立虚拟团队已成为业内的一个热点话题。因此，他决心成为财务和专业服务公司在建立虚拟团队方面的专家。于是他修改和完善了自己的资料，包括个人宣传网页、博客以及服务细则，表明自己可以帮助财务和专业服务公司建立高效能的虚拟团队。他的 Twitter、领英等社交媒体也都清晰地展现他的细分市场，而且他还经常分享关于建立虚拟团队方面有价值的内容，渐渐地有一些客户开始向他咨询了这方面的业务。在投身这个新的细分市场 18 个月后，贾尔斯发现他的收入增加了 1/3，工作时间减少，并将合作项目以及为他自己的客户服务的时间比例调整到各占一半。

第三阶段：大客户经理

当你破解了营销以及推介自己的技巧，并建立了吸引专属客户的个人品牌时，你会发现这个过程真的很不易，极其消耗时间和精力。也许你可能没有足够的时间去服务你的现有客户并争取更多客户，来达成你所设的目标。所以必要的时候，你需要转变成为大客户经理，创建围绕在你周围的团队来处理后台业务，那些与客户不直接相关的日常运营工作可以交给团队完成，包括对你的费用进行记账，管理你的日程安排等。如果你就职于一家正规的专业公司，那这些后勤服务都是现成的。要获得更多时间来发展你的客户群并进入下一阶段，你需要：

- 识别出你的工作内容中不向客户收费并且可以授权别人负责的部分。在分派给其他人负责之前进行系统化的整理；
- 招聘、培训以及建立你的后台团队（详见修炼 13）。

案例分析 3

伯莱尼（Blayne）经营着自己的调研业务。他经常将自己的记账和会计需求外发给当地的记账员以及会计师。多年来他的生意运作正常，后来他开始从当地一家蒸蒸日上的建筑商处获得了新的业务，但此时伯莱尼发现业务量太大，他要处理的工作太多，只能靠增加工作时间来应付这些工作量。他的教练建议他聘请一名个人助理为他规划日程安排，并帮助他更新博客和网页。聘用了个人助理之后，他的工作量小了许多，这缓解了他的压力，并可以承接新的业务了。

第四阶段：关系伙伴

这一阶段在很多方面都与前一阶段有相似之处，你会再次觉得在继续增长客户群方面时间短缺。赢得更多时间的唯一办法就是从大客户经理这个角色转变成为客户群的关系伙伴，同时将面向客户的工作任务让你信赖的人或团队分担一部分。这比起给后勤团队分派任务更有难度，因为很多客户已经与你建立了强有力的情感联系，他们会抗拒与其他任何人进行合作。要打消客户的顾虑，转变为关系伙伴的角色，你将需要：

- 在业务开发过程中将团队成员尽早介绍给客户；
- 吸纳、培养你依赖的业务员进入团队并维系团队的稳定，也可以与可依赖的自由职业者长期合作（详见修炼 13）；
- 在与潜在客户、新客户以及现有客户的沟通中让其他团队成员介入，比如说你的快讯、博客、Twitter 等的沟通；
- 向客户坦诚你将何时为他们的业务开展工作，以及你和你的团队成员之间的工作职责是如何分配的；
- 与你的客户就如何在他们的团队，以及他们的客户团队成员之间运用沟通渠道达成一致；
- 安排团队中资历较浅的成员来为他们的客户工作，增加收费折扣率，使之对客户更具吸引力。

案例分析 4

玛丽（Mary）是事务所里面唯一的业务员，背后有强大的后勤团队支持。她针对自己在外包服务方面的专业领域撰写了一本书，此后她发现她的业务在 6 个月的时间内得到了快速发展。漂亮的账面数字让玛丽感到很激动，但她并不满足于此，仍然努力地跟进所有由她签回来的新项目。由于业务增长，她聘用了一名初级职员，并聘请一名经验丰富的自由职业者来帮助她处理更加复杂的工作。开始的时候，玛丽发现自己很难去为她的小团队分派任务，并且不得不抑制自己要求新团队在做事时使用“她的方式”的欲望。玛丽花了很长时间才能信心满满地向她的新客户说明，她的团队可以从容处理某项工作，她也会对他们进行监督。扩大了她的团队以及增加了她的折扣率之后，玛丽在 2 年内把业务翻了一倍，且利润率没有受到影响。

第五阶段：实务领导者

当你的客户群得到扩充之后，不可避免地会再次占满你的时间，无法亲自应付客户的所有事情。如果你仍计划继续扩充你的客户群，此时需要培养或聘用其他可以外出并赢得客户的业务员，成为一名成功的实务领导者。你将需要：

- 培养团队中的其他人去承担你作为客户经理的职责（详见修炼 13）；
- 在你的实践中承担领导者和战略决策者的角色。

案例分析 5

理查德（Richard）是一名审计合伙人，专注于物业公司的中型会计实践。在 5 年的时间里，他坚持不懈地为自己创建一个总值 100 万英镑的客户群。他知道他的秘书已经很努力地为他安排时间来定期与他的客户进行沟通。虽然他喜欢外出并获取新客户，但他意识到自己的客户群已经达到了一定规模的上限。于是他查阅了他的客户档案，而后将其中 20 名较小的客户转交给团队中一名新晋的、干练的高级经理。这样他的日程表就能留出一些空间，让他能够有精力继续去强化团队建设和拓展新的客户。

目标强化

小　结

专业人士在拓展他们的客户群时，如果一切顺利，将经历五个明显的阶段。当你知道自己所处的阶段，就能改变你的工作方式，为进入到下一阶段打好基础。

行动要点

1. 确认你的情况属于哪一发展阶段，找出你能够通过哪几件事情来加速拓展你的客户群，并在此基础上让你能够迈进下一阶段。

2. 与你的教练进行沟通，了解他们是如何完成并跨越你现在所处的阶段。

修炼 13

如何培养你的团队

本章摘要

- 如何建立并培养一个团队；
- 激励人的因素是什么；
- 如何提供有效反馈；
- 什么是 SBO 模型；
- 如何获得反馈；
- 如何设定目标；
- 你为何需要支持型社群；
- 支持型社群是由什么类型的人组成。

> 商业成功与出色的服务没有太大关系，而是与你如何管理你的团队密切相关。
>
> 朱利安·萨姆尔海斯

如第 13 章所述，不管你是一家专业实务公司的拥有者或者是崭露头角的新星，你都需要得到团队的支持并持续满足你的客户。事实上，作为成功精英，你的信誉取决于你的团队是如何有效地为你和你的客户服务。除了那些为你履行客户工作职责的人，你还需要一个支持型的社群。这个社群里包括了从你的个人网络、职业网络以及家庭网络所结交的人。支持型社群里的所有成员都扮演着重要的角色，帮助你达成职业、商业以及生活的目标。在你的整个职业生涯里，你的关系网络里面需要具备一些有影响力的人，他们将成为你的拥护者。你需要以自己为中心，创建匹配自己的团队以及支持型社群，这样才能让你在商业竞争中立于不败之地。

如何建立并培养一个团队

想要收获努力后的劳动成果，你需要拥有一支可依赖的团队，让你能放心地把工作交给他们。团队成员包括你公司的员工、外包支持或者项目合作伙伴。这意味着你需要组建和培养有能力的团队以及个人，来帮你或者其他人为公司获取客户提供服务。你所领导的团队在规模、时间、地点、组成、绩效和效力方面会有所差异。而团队质量和你的客户群质量同等重要。一个以你为中心、积极的、有能力的团队将让你节省出一部分时间，你便可将精力集中在形象塑造以及增加曝光率上，以赢得更多业务，管理好你在公司的职能板块并推进你的职业生涯。通常，一个团队（相对于一群人）将拥有共同的任务目标，比如说为公司所有的客户开展居住区调查。他们也拥有相近的绩效目标并相互负责。

> 当我们了解到我们为何要被安排或要求去做一件事情的时候，我们就能更加乐意并做得更好。
>
> 金克拉
> 国际知名演说家

你经常会听到这样一个广为流传的词——高效能团队。一个高效能团队应具备以下特质：

- 整个团队都专注于达成团队的目标；
- 这个团队有共同的价值观、标准以及信念；
- 每一位团队成员在角色与职责上都有清晰的定位；
- 团队卓有成效；
- 团队的成员互相尊重及信任对方所具备的技能、知识以及专长；
- 团队有能力跨越任何障碍去达成团队目标；

- 不管他们身处何方，团队成员之间的沟通都是开放和清晰的；
- 总有合适的人在适当的时间做出有效决策；
- 在团队成员之间存在协作和积极的气氛；
- 冲突都会表露出来并得到快速有效的解决。

作为成功精英，你不可能独自开展并管理所有的客户工作，你需要创建并领导一支高效能团队。通常，作为一名领导者，无论何时，你都将在团队中扮演着三种角色。

1. 方向探索者。你将与你的团队一起识别、确认以及建立工作投入度，来达成团队的最终目标。例如，在未来 12 个月内收入 100 万英镑。你的职责之一就是要帮助团队确定正确的前进方向去达成终极目标。
2. 促进者。你将团队成员之间的良好合作相互组合，成为一支高效能的团队。
3. 教练。与所有体育团队的教练类似，你将与团队融合为一个整体，并在个人层面上确保团队成员具备开展工作所必需的技能。

案例分析 1

格林斯通（Green Stones）是彼得堡市的一家独立会计公司，西蒙·卓别林是该公司的负责人。他把过去两年的成功归因于团队的管理和运作方式的重构。通过清晰地将团队绩效与报酬挂钩，他成功地腾出了大量的管理时间。他倡导结果导向的工作氛围，他的团队的报酬（以及工作）取决于成员所设立并达到的目标，而并非是他们在工作上投入了多少时间。为了推行这种新的工作方式，西蒙与每位成员交谈，帮助他们认识到如何在自己的角色中对公司的成功作出贡献。他不会限定团队的工作时间，而是衡量他们是否有能力取得公司所需的结果，并据此予以相应的奖励。结果，由于他们掌控了自己的工作生活，团队变得更加投入、更加积极并且更有成效。

你的团队不会在一夜之间变成高效团队，这需要时间和精力的投入。塔克曼的团队发展阶段模型指出，当团队开始成熟并培养了能力以及建立起关系之后，领导者必须转变和采取不同的领导风格。在该模型里，阐述了团队建设的五个不同阶段。

1. 组建期

在这一时期，团队是崭新的。每次有成员加入或离开，团队就会重新返回到这一阶段。团队的成员希望从团队领导处获得指引和方向，并明晰各自的角色与职责。作为团队领导，需要随时与团队一起对目的、目标进行沟通并推动外部关系。

2. 激荡期

团队在其目的以及如何达成目的方面变得更加清晰。然而，仍然存在诸多的不确定以及团队决策缓慢的情况。当团队成员对职位进行激烈竞争时，就不可避免地存在冲突。有时你会发现存在着权力争斗以及对团队领导权威的挑战。如果冲突没有得到解决并持续恶化，那么团队就永远不能度过激荡期。团队领导的角色就是让团队专注在其目标上，并解决成员之间的关系和情绪问题。

3. 规范期

只有当激荡期的冲突得以解决，团队才能过渡到规范期。团队现在认同了其共同的目的和目标。尘埃落定，表明团队里的角色与职责已经明晰并被接受。

团队里的合作已经建立。与激荡期不同，重大决策是由整个团队来决定的，而一些小的决策则分派给团队中合适的人去负责。你可能会发现，团队开始在工作环境以外进行社交活动。在此阶段，团队共同合作，建立它的工作流程以及团队动态。

4. 执行期

当团队开始展现高效能团队的特点，它已经过渡到执行期。团队领导的角色仍然是被普遍需要的，因为团队仍然需要从领导处获得持续的辅导、委任以及指引。通常团队是自行运作的，也就是说它能够自治，不再需要太多的指令或辅助。

5. 休整期

在此阶段，目标达成，团队解散。如果团队的联系特别强，团队成员在此阶段会产生一种失落感。作为团队领导，你的职责是要对团队的成就表示祝贺，并帮助团队成员过渡到新的项目以及新的角色上。

激励人的因素是什么

想要让你的团队成员充分发挥他们最大的能力，你需要了解如何激励他们，找出促使他们行动的因素。不同的事物激励不同的人，而这些又将会随着他们年龄的增长以及他们生活的转变而有所不同。通常情况下，你会发现以下这些简单的因素能够激励大部分的专业人士：

- 职业发展；
- 有趣的且充满挑战性的工作；

- 觉得自己是有价值的。

要推动团队的职业发展，你可以：

- 提供在职或脱产的培训；
- 提供在职辅导，帮助他们获取新技能；
- 为他们的职业发展设立有意义的目标；
- 针对他们的绩效提供及时和定期的反馈。

对于一家专业服务公司来说，能够提供有趣的且富有挑战性的工作并不容易。很多律师都会讲述他们担任培训生时，单单是复印这项工作就花费了多少时间。而当你成为了成功精英之后，就会有更多的权利去决定谁负责什么工作。因此，思考一下以下这些问题：

- 对于你所领导的每一个团队，你知道每个团队成员喜欢并希望有机会从事哪一项工作吗？
- 你是否意识到团队中的技能空白？你是否已经为整个团队制订了计划去填补这项空白？
- 你能把手头的哪些任务分配给你的团队成员？
- 你能否识别并赞同所有的团队成员的目标及延伸目标？

让别人觉得有价值是件很有意思的事情，因为不是所有人都会以同样的方式得到重视。而且，你可能还没有在公司中达到相应的职位去影响某些有形的报酬，例如，通过加薪认可你的团队成员为公司带来的价值。你可以通过以下这些简单的方法来帮助你的队员，让他们感到自己被重视。

- 对他们在工作内外所做的事情表示感兴趣；
- 经常给予表扬（在适当的时候）；

- 向其他人展示为何他们的工作和努力如此重要；
- 在工作期间安排时间与他们一起并帮助他们达成目的和目标；
- 营造一种融洽的氛围；
- 真诚地聆听团队成员的意见和关注点，不要忽视他们的重要性。

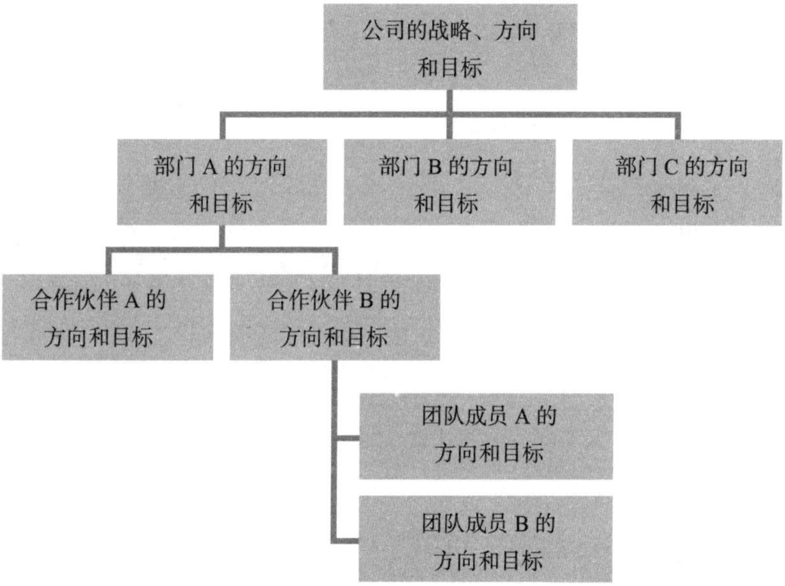

图 13-1　如何让你的团队成员的方向和目标与公司的战略以及备受关注的绩效目标挂钩

如何提供有效反馈

提供切实可行的行动反馈，是推动个人及团队发展最有效的方式之一。那么，我们所说的有效反馈是什么？

有效反馈指的是：

- 根据所观察的绩效来创造以及提供明确的信息；

- 描述特定的行为，以便个人能够通过重复良好行为进行学习，摒弃坏的行为；
- 让员工在得到反馈之后能够正确地理解他（她）的行为及其对你以及其他人的影响。

围绕如何为他人提供反馈这个主题有很多模型或流程。我们建议你使用 SBO（情景行为结果）反馈模型来进行私下的讨论。

什么是 SBO 模型

SBO 模型是一种反馈的模式，可用于组织肯定型和改善型反馈。它的结构提升了反馈以清晰、非防御方式被反馈对象接收的可能性。反馈模型通常要求你同时提供正面和负面的评价。不过根据我们的经验，这些模型一般很难奏效，因为反馈的接收者一般会怀疑正面反馈的真实性并有选择性地去听取负面的反馈。

SBO 模型

描述被观察到的行为在何处以及何时发生以及具体是什么。记住描述要具体。

行为描述——你所看到或听到的。避免加入个人的理解或判断，比如说在“你没有听我说”这句话里加入对个人具体行为的简单描述：“当我跟你谈话时，你把椅子推离桌子并望向窗外。”

结果与个人分享行为——对你或其他人带来的结果或影响。该结果是你和其他人亲身经历过的。它可以包括工作结果、客户满意度、工作团队或者公司。很多时候，它以“我感觉到……”或者“我曾经……”或者“我发现其他人……”

以下是使用 SBO 反馈模型的一些范例：

无力的反馈："珍妮特，你在今天的客户会议中做得很棒，谢谢！"

有效的反馈："珍妮特，在今天下午的客户会议中（情景），当你谈论到我们的航天客户今年所处的行业趋势时，你很好地向客户展示了相关的知识（行为）。客户对你的充分准备给予了肯定，你的表现显得非常专业！"（结果）。

无力的反馈："詹姆斯，办公室经理很不开心，你并没有达到他的期望。"

有效的反馈："詹姆斯，办公室经理乔治在工作绩效评估表上表示你在达到他的预期要求方面不够积极主动（情景），特别是当我与他交谈时，他说虽然你的工作很充分，但是你的汇报有两次是延迟提交的，而且没有事先通知他（行为）。这对他来说，带来了许多挫折感（对经理的结果），而且影响了本应该能成功的工作（对个人的结果）。我们能否一起探讨如何防止这种情况再次发生？"

这里提供几个在首次提供反馈时即被采纳的一些技巧：

- 首先询问被反馈对象，他们认为自己哪方面做得好，哪方面有不足；
- 在公众场合进行表扬，私下里进行批评；
- 始终在征得对方同意的前提下提供反馈，未经请求的反馈通常都不会受到欢迎；
- 在你的情绪平复之后才提供反馈；
- 采用 SBO 模型来让你的反馈变得更加具体。

如何接收反馈

反馈，尤其是富有挑战性的反馈，通常都让人难以消化。如果你有幸获得反馈，不管是负面的还是正面的，你看待反馈的最佳方法是把它当成一份礼物，礼貌性地可以选择采纳或拒绝。

这里提供几个技巧：

- 在事后总是对反馈者表达谢意（不管你是否同意他的反馈意见），提供反馈意见的人通常都是出于善意；
- 仔细聆听他们说的话，如果有必要，提问并澄清；
- 不要采取防御态度或者争辩你自己对事情的看法；

如果你感觉自己变得情绪化，在对反馈进行讨论之前，花一点时间来思考一下它的内容。

设立目标和宗旨

作为团队领导，你的职责是要与每一位团队成员共同设定目标与方向。当这些个体目标在整个团队进行了融合之后，将促进团队达成共同目标，而你则可以享受作为成功精英带来的回报。你的团队目标需要与公司当年的整体商业目标和部门目标进行挂钩。更多内容请参考第 1 章关于设立有意义的以及激励性的目的、阶段性成果和目标。

为何你需要一个支持型的社群

承诺成为专业精英需要坚定的信念，还需要全身心的投入。你已经在本书中了解到，这并不是你独自一个人可以完成的。这就是为何你需要一个支持型社群的原因。他们在你成为专业精英的旅途上将陪伴在你的左右。比如说，他们会：

- 让你通过细节了解全局；

- 当你在实现你的商业、职业和人生目标上的投入度以及积极性开始下降时，对你进行推动；
- 为你的成功喝彩；
- 当你在路上遇到挫折时，给予你安慰；
- 为你工作内外的生活提供应变计划。

在你的支持型社群里需要哪类人

每一个人的支持型社群都会有所不同，这将取决于你是独立经营还是受雇于某家公司。但是，我们提倡一个有效的支持型社群应该扮演五种不同的角色：

导师。在你的支持型社群里面配备一些经验丰富的人来担当参谋的角色，并提供目标指引以及反馈，这至关重要。

教练。你的教练会帮助你把工作生活中用于纷繁琐碎事务上的时间抽离出来，让你可以专注于那些真正对你有意义的事情。他们也会协助你一起获得成为专业精英所必需的关键技能和知识。

家人。如果你希望成为全面发展的人，能够具备适当的能力去应对作为专业顾问在日常工作所面临的压力和紧张，拥有支持型和幸福的家庭生活是很重要的。

工作中的朋友。你从事的工作将成为你生活的重要组成部分。如果你享受工作，就需要在工作中建立友谊，不管你是独立经营还是受雇于某家公司。

工作外的朋友。与你的工作没有关联的好朋友，让你有机会真正地放松和释放自己。尽量不要让你工作以外的友谊变淡，你永远不知道自己何时将会需要他们的支持。

目标强化

小　结

通向专业精英的道路与你成功领导、管理和发展团队的能力有着内在的联系。总的来说，在你身边建立一个成功团队，将为你节省出大量时间，并让你能够专心拓展你的客户群以及客户业务。

当你的角色是员工的经理以及团队的领导时，就需要确保客户工作能够在符合相应的质量标准以及预算范围内完成，并且在这个过程中培养出一支有能力及愿意达成你的团队目标的队伍及个人。要做到这点，就意味着你将需要在每位团队成员身上定期投入时间和精力，以便：

- 检查他们的工作；
- 对照他们的目标和方向来监督他们的进度；
- 帮助培养他们获得新技能并推进他们的职业发展。
- 除了你每天与之一起工作的团队以外，你还需要一个支持型的社群。这个支持型社群将是你成为专业精英的强有力后盾。

行动要点

与你的每位团队成员进行私人谈话，探讨他们喜欢自己角色中的哪些方面，了解他们期望自己的职业规划和发展方向。然后根据谈话内容采取相应的行动。

1. 让你信任以及共事的三个人对你在团队领导方面的能力给予反馈。根据他们的反馈采取行动，增强你作为团队领导的能力。

2. 记录与团队成员的日常对话，研究他们是怎么做的，他们在个人目标以及目前的客户任务上取得了什么进展。

3. 与你的导师预约时间，询问他们如何学习管理员工和领导团队，根据你的领悟去开展行动。

4. 如果你受雇于某家公司，邀请该公司的成员，比如说人力资源团队里的成员，参与你筹备的一次绩效面谈，并为你提供反馈意见，让你知道你应该在哪方面有所改善。

5. 对你所在的或者领导的团队进行思考。它们处于团队发展的哪一阶段？你会采取哪几项行动来提升每个团队成员的绩效？

6. 与教练合作来改善你的管理和领导技能。

7. 自愿为公司里面的初级成员提供辅导。

8. 找出在相应领域被称为成功精英的专业人士作为你的榜样。通过调研去了解他们是如何获得成功的。你可以从他们的经验中学到什么，以及你如何应用它们去帮助自己成为专业精英。

修炼 14

如何保持知识更新

本章摘要

- 人们如何学习以及发展新的技能和行为；
- 你的发展阶段；
- 发挥你强项的重要性；
- 如何发现你的技能基础方面的缺失；
- 如何令你的知识与时俱进。

> 以昨天为鉴，以今天为乐，以明天为盼。重要的是不应停止探寻。
>
> 阿尔伯特·爱因斯坦

如果你通过投入时间来获取收益，那你的知识就是有保质期的。要保持成功精英的地位，你需要对你的技术性和非技术性的系列技能进行持续投资。在这一章里，我们将探讨在你成为职场精英的征途中如何建立和发展所需的技术性或非技术性的知识及技能。

人们如何学习以及发展新的技能和行为

人们的学习方式多种多样，没有对错之分。知道自己偏好的学习方式，你将学习并发展得更快。比如有些人喜欢：

- 阅读书籍并了解理论；

• 留意并观察他人；
• 乐在其中并勇于尝试；
• 看到一个工作示例并了解它在实践中是如何具体实施的。

回想一下当你需要学习新技能的时候，你是如何做的？

你的发展阶段

当你学习一项新技能或新的行为时，你需要跨越能力提升的四个阶段，直到获得全面的能力。识别了你的发展阶段，你就可以了解到，你仍需要在哪方面进行努力，以全面掌握技能和行为。

1. 无意识不胜任阶段

回想一下当你开始学开车时的情景。或许你对开车充满热情，并且忍不住想“学开车有多难？”这一阶段的突出特点是，对于获得一项新技能充满热情以及不现实的期望。

2. 有意识不胜任阶段

在这一阶段，你已经开始学习新技能，并且意识到你还有多少不知道的知识或者还有哪些方面需要努力的。通常这一阶段会让人情绪低落。回到学开车的例子，我们当中的许多人在最开始的几堂驾驶训练课里，都会意识到自己能力的不足。你们当中许多人拿起这本书是因为你意识到要想成为专业精英并不容易，你需要更多的帮助。

3. 有意识胜任阶段

过了一段时间之后，我们开始学习新技能并进行应用。然而，因为它们对于我们来说仍然是新技能，我们需要有意识地努力使用它们。比如说，当你学会了驾驶，在每次切换行车路线时，你会使用诸如“后视镜、指示灯、操控”等词语来提醒你需要做出哪些行动。

4. 无意识胜任阶段

> 向知识投资，收益最佳。
>
> 本杰明·富兰克林

通过练习，你已经很好地掌握了一门技巧，并使之成为了你的第二天性，你无需再对它进行刻意思考，直接采取行动就可以了。就像作为一名有经验的司机，你不再需要在切换路线时去想“后视镜、指示灯、操控”这些词语，你只需要下意识地自动操作即可。

发挥你强项的重要性

案例分析 1

阿比（Abi）在税收合规领域开始了自己的职业生涯，虽然她对自己的工作感到十分自豪，但她在个人成长和职业发展方面并不像他的同行那样迅速。她觉得日复一日的核查以及在时间表和税收软件上输入数据的工作很枯燥，不是她感兴趣的工作。她渴望在职业生涯中发展成为合伙人，因此她聘请了一名职业教练来帮助她取得进展。她的职业教练帮助她了解到自己的长处是擅长与人工作，而不是她目前在税收合规方面所从事的日常技术工作。她与教练一起通过头脑风暴列出多个选项，并邀请她的合伙人进入税收调查领域。她很快就发现税收调查工作中所包含的多样性以及解决问题的性质非常适合她的性格以及天性偏好。她对于不同类工作的天赋以及热情开始显露，她的职业生涯也因此而腾飞。

如何发现你在技能基础方面的缺失

你可以使用多项工具来帮助你发现自己的长处与不足，比如 360 度反馈、心理测量工具、公司内部评估和发展中心。

对于我们的顾客，我们使用了一项名为“预言者 ©”的行政人员洞察力工具（如图 14–1 所示），帮助他们认识到自己的优势。你的“预言者 ©”资料确定了哪些因素对你有激励作用，并发现你思考和决策的方法，然后它能够明确指出你擅长从事哪类工作。接着，它通过以上这些见解来甄别出与你的激励和决策风格最匹配的角色。我们使用这些客户的信息去调整我们的服务和教练课程，以便能够为他们提供所需的帮助以及改善他们的弱点。

如何令你的知识与时俱进

在专业服务的领域里，没有任何事物是一成不变的。日新月异的商业环境、变化的速度以及互联网的接入，都意味着现有的产品、服务和能力并不足以确保公司或个人的未来商业能够成功。

对于你来说，长远竞争优势的唯一来源将是持续学习以及将知识和技能学以致用的能力。你未来成为成功精英有赖于你为自我发展而采取的严格方法，而非顺其自然或寄望于偶然的机遇。

以下是我们提供的一些让你的知识与时俱进的技巧：

- 即时记录并分享你在赢得或完成一项工作过程中所学到的东西；
- 建立归档系统（最好是在网上建立）来保存（或留待日后参考）有趣而相关的文章或文档；
- 将学习与商业相结合，比如在有学习机会的会议上拓展关系网络；

- 找出你所在专业领域的思想领袖。阅读他们的文章 / 博客，购买他们的书籍以及参加他们的研习会、电话研讨会、网络研讨会以及专题讨论会。

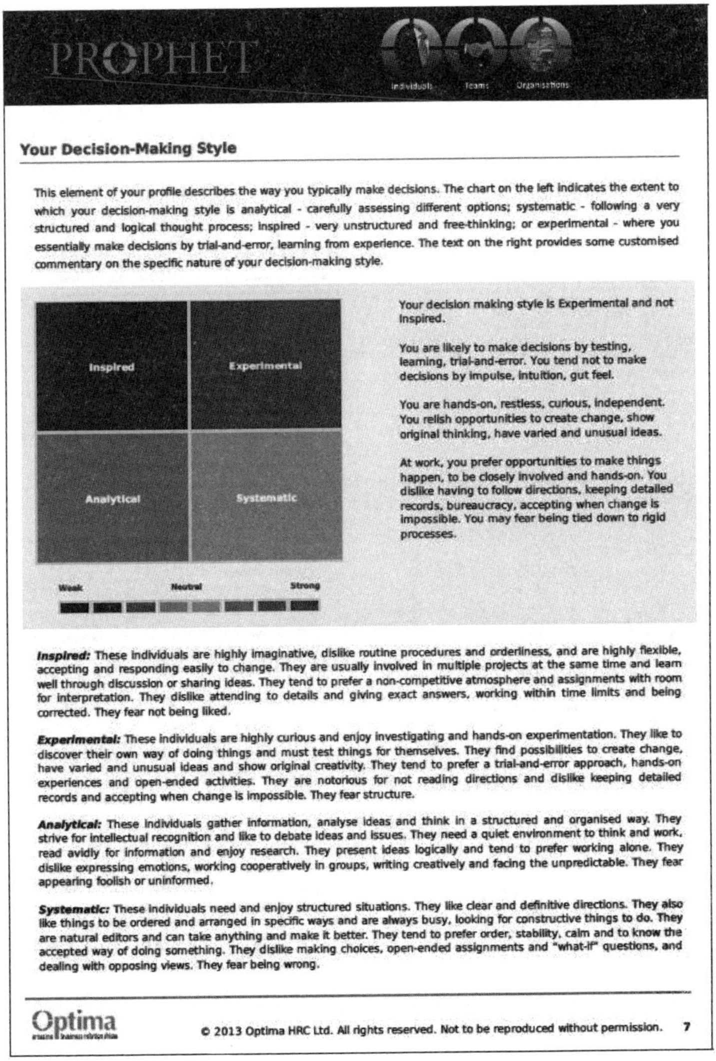

图 14-1　预言者 ©（ED86）档案摘录

来源：www.optimaabr.com/prophet

- 订阅一些与你专业领域相关的期刊和杂志；
- 积极成为新兴技术的尝试者；
- 在你每月的日程表中分配时间用于获取与你的专业相关的新知识。

目标强化

小结

要成为精英并保持成功精英的地位，你需要每天学习并应用新知识、技能和行为。你的个人和职业发展不应该取决于运气，而是与你做生意的方式息息相关的。

行动要点

1. 获取一份霍尼与芒福德学习风格调查问卷（www.peterhoney.com）以确定你所偏好的学习方式、你对自己的了解程度以及你如何运用这个认知来提升你的学习有效性。

2. 如果你就职于某公司，咨询你的导师、搭档或者经理，了解公司配备或使用何种工具来帮助员工辨识他们的发展需求，然后获得许可使用这些工具，并根据你的发现来采取相应的行动。

3. 从客户、同事以及下属处获取你的工作绩效反馈。其中一项简便有效的方法就是询问他们来获悉你能做好的一件事情，以及你需要改善的某个具体方面。鼓励被询问者如实作答。记得要聆听反馈并采取措施来改善你的绩效。

结　语

为你能够翻阅到本书的结语而点赞！这是本书的终章，也可能是最为重要的一部分，因为它将帮助你将通过阅读所学到的知识转化为真实的、实质性的措施，而你将采取这些措施来为彻底改变你的客户群的规模和形式。有了前面提到的 14 项成为职场精英的精进修炼，再加上即将为你介绍的如何制订一份卓有成效的成功精英商业计划，你的职业前景将更加光明！

> 我们的信息很泛滥，但智慧却很匮乏。此后的世界将由通才所主宰，他们能够在适当的时间整合适当的信息，并进行辩证思考，最终明智地做出重要的决策。
>
> E.O. 威尔逊

阅读一本关于如何成为成功精英的书籍是一回事，而完全根据此书所包含的内容去采取行动，并运用它一步步实现目标则是另外一回事。正如我们在前言里面所陈述的，我们的客户已经尝试过并成功地使用本书所包含的观点、技巧以及技术，下定决心成为一名成功精英。毋庸置疑的是，在你投入了时间并在职业以及业务上取得目前的成就之后，你不是应该被认同、被重视、被预约、被需求去从事你所热爱的事情吗？

案例分析

布莱恩（Brain）是小农场租赁法律方面的知名专家。他来自苏格兰一个以小农场租赁为主的郡——设得兰群岛。当他在格拉斯哥任职培训生以及助理律师时，他来自家乡的朋友、家人以及推荐者都请他去处理法律事务。这让布莱恩开始学习小农场租赁方面的法律，而这方面的知识在法律学校或大学里面是从未讲授过的。

当布莱恩在 1994 年加入了小农场租赁法律集团时，他意识到自己是该集团最年轻的成员之一。他积极参与了公司的各项活动并用心地参加了公司的年会。布莱恩目前已是该集团的荣誉秘书长。

在 1999 年，当布莱恩建立起自己的法律公司，他有意识地开始建立他作为专注于小农场租赁方面的成功精英的曝光度与形象。他通过包括写作、演讲、研讨会、授课和社交媒体在内的多种方式来达成这项目标，比如在 1999 年他注册了网络域名；在 2009 年，他制作了自己的首个小农场租赁方面的视频并上传在 YouTube 上面，同时他开始创建了自己的 Twitter 账户。在 2013 年，他开始通过博客来传播小农场租赁方面的法律知识。

他定期积极地进行小农场租赁方面的演讲，比如在 2009 年，他为斯特拉斯克莱德大学组织了一系列关于小农场租赁方面的讲座；在 2012 年，他为北尤伊斯特岛和本贝丘拉岛的小农场租赁主举办了讲座；在 2012 年和 2013 年，他参加了黑岛的展览，针对小农场租赁内容开设了自己的展位。同时，他也制作了一本关于小农场租赁方面的手册，并在他为租赁主举办的所有活动中进行派发。除了他的小农场租赁法律方面的博客之外，布莱恩也为《苏格兰律师协会期刊》《企业》以及《岛屿新闻和咨询者》（租赁主经常阅读的一份设得兰群岛本地报纸）等媒体撰写了多篇文章。

他广泛地与该行业的其他人进行合作，因此，他的公司为苏格兰小农场租赁联盟的成员提供了法律服务热线。他已被苏格兰国会认定为小农场租赁法律方面的专家。布莱恩的 Twitter 和博客内容在苏格兰国会关于小农场租赁法律辩论时曾经被引用。

他成为了苏格兰国会内专注于小农场租赁的跨党派组织的一员，同时也是苏格兰土地和地产租赁组织的成员。虽然他是小农场租赁方面的法律专家，他的公司也为许多农场租赁主提供他们所需的其他法律方面的服务，内容包括为设得兰群岛上从事三文鱼及贻贝捕捞的渔民提供专业程度极高的渔业法律，以及更为全面的家庭法律服务。

布莱恩 15 年来一直围绕着小农场租赁法律方面建立自己成功精英的形象以及增加曝光度的努力，让他的法律事业得到了蓬勃发展。新的业务通过他的网站、博客、Twitter 以及其他专业人士的转介而源源不断地涌向他及其公司。在最近几年，他聘用了两名专门从事农场租赁法的律师来协助他满足客户对服务的需求。除了格拉斯哥的总部以外，他还在英克斯特开设了两家新的办事处。

如何制订你的单页成功精英商业计划

不管你是独立经营还是受聘于专业公司，你都需要制订一份为期 12 个月的计划来推动你的业务发展。我们试图通过一份简洁的单页成功精英商业计划来帮助我们的客户。在成功精英练习册里为你提供了一份模板，可用于撰写你的单页成功精英商业计划（如表 15-1 所示）。

表 15-1　　单页成功精英商业计划表

使命及愿景	• 成为办公室周围半径 50 里以内的律师事务所提供会计服务的专业精英 • 使业务额达到 300 万英镑并包含 3 个合伙人 • 获得每年 15 万英镑的实得收入
目标	• 将增长记录从 100 万英镑提升到 120 万英镑 • 每月增加 2 万英镑的收入 • 人数从 20 人增加到 25 人 • 对现有客户的收费提升 5% • 把客户平均签约额从 3 000 英镑提高到 3 500 英镑
项目及策略	• 重新构建网站以清晰展示我们在律师实务方面的专长 • 在公司里提升社交媒体能力并使得 50% 的员工活跃于社交媒体 • 对现有的法务客户进行调研，了解他们在账户方面需要哪些帮助
市场营销	• 每周针对法律事务撰写博客文章 • 对所有业务员进行有关如何通过他们的关系网络推动业务发展的培训 • 围绕律师实务撰写每月报告 / 白皮书 / 有用的长篇文章 • 开展客户满意度调查 • 确保与所有客户进行沟通，至少每季度一次
人员	• 招聘一名致力于成为合伙人的资深高级经理 • 开展员工满意度调查，并根据结果采取行动 • 招聘培训生或者具备一定素质的职员

运用以下这些问题来帮助你完成你的单页成功精英商业计划。

个人使命及愿景

- 对于未来的客户群，你是如何预见的？
- 你的客户群如何让你拥有你想要的生活方式并推动你的商业和职业理想？
- 你希望自己在实际工作中能获取哪些成绩？你希望自己能够为公司其他人提供什么样的工作？

目标

在一年内，你需要从你的客户群身上获得哪些收益才算是成功的？

- 营业收入、利润和销售成本？
- 邮件清单的大小、关注者的人数和网站通信量？
- 服务和产品两条线之间的收入百分比？

项目与策略

要创建你的客户群，你必须交付哪些关键的项目或策略。

- 营销活动？
- 提交关键的几项知识产权？
- 创建更多的意向客户？

> 知道你想要做什么，坚持这个想法，每天做应该做的事，那么在每天日落时，你都会发现与你的目标的距离更加近了。
>
> 阿尔伯特·哈伯德

市场营销

- 你的利基市场群体是谁？你将如何接触到这个群体？
- 你将会关注哪些市场渠道？
- 年内你将会投入哪些资源（时间与金钱）在市场营销上？
- 你如何将潜在客户、意向客户以及已有客户留在你的销售及营销管道中？

人物

- 对于你的公司来说，谁是内部和外部的关键人物？
- 他们的职责是什么？又或者你需要他们做些什么？
- 你将做些什么？你会赋权他人什么？你将外发哪些工作给别人？

你的下一步

到此，我们已到了此书的尾声，你需要做的最后一项行动是——实施你的成功精英商业计划，从此刻开始。对的，就是现在！

我们希望这本书能够对你有所帮助和启发。这 14 项修炼，也许有些人觉得不过是老生常谈，但请相信我们，能够做好的人还是少数。这些都是我们成功后的经验之谈，正是它们帮我们一步步取得职业生涯更高的成就，那种点滴积累后的成功感觉真是美妙极了！我们也期待着你们能迈入职场精英的行列。

译者后记

The Go-To Expert

How to grow your reputation, differentiate yourself from the competition and win new business

专业精英，切合商业需求而生，顺应时代变化而来。商业社会瞬息万变，要在专业道路上追求成功，必须与时俱进，塑造个人品牌并进行自我营销，从而建立个人知名度与信誉度。如此，方可在日益激烈的竞争中脱颖而出，成就精英之名，迈向卓越。初次翻阅《精进：成为职场精英的 14 项修炼》(实战版)，就被标题所打动。潜心阅读后发现该书的内容与我所从事的工作密切相关，极具启发性，激起了我探讨此领域的兴趣，从而开启了此次翻译尝试。

从本书中，你将发现其文字通俗简练、语言轻松，易于阅读。作者在阐述品牌塑造与自我营销理论知识的同时，结合大量专业领域的详实案例，深入浅出地呈现了专业人士的成功之道，内容涉及个人品牌包装，创建关系网络并开展营销活动来提升曝光度及树立专业形象，通过销售渠道的管理以及销售技巧的提升来转化潜在客户，以及通过组建团队、创建社群与持续学习来经营个人品牌等方面，为读者提供了独特而有价值的见解以及行之有效的实用工具与应用指南。作为译者，我希望读者能够从该书中获益，汲取灵感与经验，得到启发并迈出修炼成功精英的第一步。

该书的翻译并非尽如人意。比如，有些管理术语在国内还没有固定的专属名词，需要秉持严谨的态度进行反复斟酌、推敲及查证，通过灵活的转换处理，以通用的、易于理解的语言尽量传递出原文的内涵。诚然，每个译者都有自己的独特见解，每种见解都源自于不同的知识与经验，每种经验都或多或少存在某种局限性，因而译文也并非总是尽善尽美。由于译者水平有限，本书中难免有翻译不当之处，谨望专家、学者以及广大读者批评指正。承蒙中国人民大学出版社商业新知事业部的王立军先生提供此次翻译机会以及刘芳女士给予的支持，也感谢中国人民大学出版社编辑王全水先生为译稿的审阅校对与付梓所提供的大力帮助。在此，谨向他们致以谢忱！

北京阅想时代文化发展有限责任公司为中国人民大学出版社有限公司下属的商业新知事业部，致力于经管类优秀出版物（外版书为主）的策划及出版，主要涉及经济管理、金融、投资理财、心理学、成功励志、生活等出版领域，下设“阅想·商业”“阅想·财富”“阅想·新知”“阅想·心理”“阅想·生活”以及“阅想•人文”等多条产品线。致力于为国内商业人士提供涵盖先进、前沿的管理理念和思想的专业类图书和趋势类图书，同时也为满足商业人士的内心诉求，打造一系列提倡心理和生活健康的心理学图书和生活管理类图书。

阅想·商业

《颠覆性医疗革命：未来科技与医疗的无缝对接》

- 一位医学未来主义者对未来医疗22大发展趋势的深刻剖析，深度探讨创新技术风暴下传统医疗体系的瓦解与重建。
- 硅谷奇点大学“指数级增长医学”教授吕西安•恩格乐作序力荐。
- 医生、护士以及医疗方向MBA必读。

《德国制造：国家品牌战略启示录》

- 赛迪研究院专家组倾情翻译，工业4.0研究院院长兼首席经济学家胡权、工业4.0俱乐部秘书长杜玉河、工信部国际经济技术合作中心电子商务研究所所长王喜文联袂推荐。
- 从冠军品牌、超级明星品牌再到隐形冠军品牌，以广阔而迷人的视角，深度解析德国制造究竟好在哪里。

《共享经济商业模式：重新定义商业的未来》

- 欧洲最大的共享企业JustPark CEO倾情写作、国内外共享企业大咖联袂推荐。
- 首次从共享经济各个层面的参与者角度、全方位深度解析人人参与的协同消费，探究共享经济商业模式发展历程及未来走向。

《敏捷销售：从菜鸟到顶级销售的精进训练》

- 客户包含IBM、微软、埃森哲、希尔顿等知名企业的美国销售策略专家的超越之作！全美大受欢迎！作者的处女作即被《财富》杂志评选为销售人士的必读书籍。18个策略，18个技巧，18个习惯，全是干货！适合所有“段位”的销售人士阅读。
- 身处如今复杂多变商业环境，快速学习、及时响应、机智灵敏、把握稍纵即逝的机遇，对销售人士而言是必不可少的特征。

《创新者的机会思维：你可以杀死一个创意，但不可错失良机》

- 机会比创意更重要，思维比创新更重要。运用机会思维指导开发和选择创意，洞察并识别创新机会，走出单一依靠创意实现创新的成长误区，寻找企业创新的动力源。
- 1个机会公式、机会的6大源泉、创造和发现机会的4个工具，帮助企业用机会思维重新思考目前的商业计划和模式，并指导企业如何加速机会的实现。

图书在版编目（CIP）数据

精进：成为职场精英的14项修炼（实战版）/（英）希瑟·汤森（Heather Townsend），（英）乔恩·贝克（Jon Baker）著；冯艺平译. --北京：中国人民大学出版社，2017.4

ISBN 978-7-300-23920-0

Ⅰ. ①精… Ⅱ. ①希… ②乔… ③冯… Ⅲ. ①成功心理—通俗读物 Ⅳ. ① B848.4-49

中国版本图书馆CIP数据核字（2017）第010230号

精进：成为职场精英的14项修炼（实战版）

【英】希瑟·汤森　乔恩·贝克　著

冯艺平　译

Jingjin: Chengwei Zhichang Jingying de 14 Xiang Xiulian（Shizhan Ban）

出版发行	中国人民大学出版社		
社　　址	北京中关村大街31号	**邮政编码**	100080
电　　话	010-62511242（总编室）		010-62511770（质管部）
	010-82501766（邮购部）		010-62514148（门市部）
	010-62515195（发行公司）		010-62515275（盗版举报）
网　　址	http：//www.crup.com.cn		
	http：//www.ttrnet.com（人大教研网）		
经　　销	新华书店		
印　　刷	天津中印联印务有限公司		
规　　格	155mm×230mm　16开本	**版　　次**	2017年4月第1版
印　　张	16.25　插页1	**印　　次**	2022年8月第3次印刷
字　　数	206 000	**定　　价**	59.00元